FAST 主动反射面索网结构设计与施工技术研究

Research on Design and Construction Technology of Cable-net Structure for FAST Active-reflector

罗　斌　郭正兴　姜　鹏　著

U0253003

东南大学出版社
SOUTHEAST UNIVERSITY PRESS

·南京·

内容提要

500 m 口径球面射电望远镜(简称 FAST),是世界上最大的单口径射电望远镜,属于国家"十一五"重大科学工程项目。FAST 反射面由索网支承结构(面索、下拉索、周圈钢构)、反射面单元和促动器构成,其最大特点是主动变位,即通过促动器主动控制下拉索在面索网上形成 300 m 口径瞬时抛物面以汇聚电磁波,实现跟踪观测。

作者对索网支承结构展开了系列的工程理论和应用研究,主要内容为:①研究了 30 年天文观测时间内的面索应力循环疲劳次数,并以 500 MPa 应力幅下进行新型耐超高应力幅钢索的设计和试验研究;②基于索网为形控结构,提出了标准球面基准态优化分析方法,优化了拉索和周圈钢构的规格和预应力,并分析了若干关键因素对结构性能的影响,进行了模态分析、风振分析、断索分析、节点分析等;③提出了格构柱、周圈环桁架和索网的施工方法,分别为:悬臂抱杆高空拼装、分节段滑移安装和高空溜索滑移安装,并研究了溜索滑移施工分析和多误差影响分析的方法,确定了施工参数和控制指标;④基于 ANSYS 和 MATLAB 软件,建立了准实时 CAE 辅助控制平台,在望远镜调试、运行和维护时评估索网安全性。

图书在版编目(CIP)数据

FAST 主动反射面索网结构设计与施工技术研究/
罗斌,郭正兴,姜鹏著. —南京:东南大学出版社,2016.12

(东南土木青年教师科研论丛)

ISBN 978-7-5641-6825-4

Ⅰ.①F… Ⅱ.①罗… ②郭… ③姜… Ⅲ.①射电望远镜-支撑-建筑设计-研究 ②射电望远镜-支撑-建筑施工-研究 Ⅳ.①TU244.6

中国版本图书馆 CIP 数据核字(2016)第 268835 号

FAST 主动反射面索网结构设计与施工技术研究

著　　者	罗　斌　郭正兴　姜　鹏
责任编辑	丁　丁
编辑邮箱	d.d.00@163.com
出版发行	东南大学出版社
社　　址	南京市四牌楼 2 号　邮编:210096
出 版 人	江建中
网　　址	http://www.seupress.com
电子邮箱	press@seupress.com
经　　销	全国各地新华书店
印　　刷	江苏凤凰数码印务有限公司
版　　次	2016 年 12 月第 1 版
印　　次	2016 年 12 月第 1 次印刷
开　　本	787 mm×1092 mm　1/16
印　　张	13.25
字　　数	331 千
书　　号	ISBN 978-7-5641-6825-4
定　　价	55.00 元

序

 作为社会经济发展的支柱性产业,土木工程是我国提升人居环境、改善交通条件、发展公共事业、扩大生产规模、促进商业发展、提升城市竞争力、开发和改造自然的基础性行业。随着社会的发展和科技的进步,基础设施的规模、功能、造型和相应的建筑技术越来越大型化、复杂化和多样化,对土木工程结构设计理论与建造技术提出了新的挑战。尤其经过三十多年的改革开放和创新发展,在土木工程基础理论、设计方法、建造技术及工程应用方面,均取得了卓越成就,特别是进入 21 世纪以来,在高层、大跨、超长、重载等建筑结构方面成绩尤其惊人,国家体育场馆、人民日报社新楼以及京沪高铁、东海大桥、港珠澳桥隧工程等高难度项目的建设更把技术革新推到了科研工作的前沿。未来,土木工程领域中仍将有许多课题和难题出现,需要我们探讨和攻克。

 另一方面,环境问题特别是气候变异的影响将越来越受到重视,全球性的人口增长以及城镇化建设要求广泛采用可持续发展理念来实现节能减排。在可持续发展的国际大背景下,"高能耗""短寿命"的行业性弊病成为国内土木界面临的最严峻的问题,土木工程行业的技术进步已成为建设资源节约型、环境友好型社会的迫切需求。以利用预应力技术来实现节能减排为例,预应力的实现是以使用高强高性能材料为基础的,其中,高强预应力钢筋的强度是建筑用普通钢筋的 3~4 倍以上,而单位能耗只是略有增加;高性能混凝土比普通混凝土的强度高 1 倍以上甚至更多,而单位能耗相差不大;使用预应力技术,则可以节省混凝土和钢材 20%~30%,随着高强钢筋、高强等级混凝土使用比例的增加,碳排放量将相应减少。

 东南大学土木工程学科于 1923 年由时任国立东南大学首任工科主任的茅以升先生等人首倡成立。在茅以升、金宝桢、徐百川、梁治明、刘树勋、丁大钧、方福森、胡乾善、唐念慈、鲍恩湛、蒋永生等著名专家学者为代表的历代东大土木人的不懈努力下,土木工程系迅速壮大。如今,东南大学的土木工程学科以土木工程学院为主,交通学院、材料科学与工程学院以及能源与环境学院参与共同建设,目前拥有 4 位院士、6 位国家千人计划特聘专家和 4 位国家青年千人计划入选者、7 位长江学者和国家杰出青年基金获得者、2 位国家级教学名师;科研成果获国家技术发明奖 4 项,国家科技进步奖 20 余项,在教育部学位与研究生教育发展中心主持的 2012 年全国学科评估排名中,土木工程位列全国第三。

 近年来,东南大学土木工程学院特别注重青年教师的培养和发展,吸引了一批海外知名大学博士毕业青年才俊的加入,8 人入选教育部新世纪优秀人才,8 人在 35 岁前晋升教授或博导,有 12 位 40 岁以下年轻教师在近 5 年内留学海外 1 年以上。不远的将来,这些青年学者们将会成为我国土木工程行业的中坚力量。

时逢东南大学土木工程学科创建暨土木工程系（学院）成立 90 周年，东南大学土木工程学院组织出版《东南土木青年教师科研论丛》，将本学院青年教师在工程结构基本理论、新材料、新型结构体系、结构防灾减灾性能、工程管理等方面的最新研究成果及时整理出版。本丛书的出版，得益于东南大学出版社的大力支持，尤其是丁丁编辑的帮助，我们很感谢他们对出版年轻学者学术著作的热心扶持。最后，我们希望本丛书的出版对我国土木工程行业的发展与技术进步起到一定的推动作用，同时，希望丛书的编写者们继续努力，并挑起东大土木未来发展的重担。

东南大学土木工程学院领导让我为本丛书作序，我在《东南土木青年教师科研论丛》中写了上面这些话，算作序。

中国工程院院士：吕志涛

2013.12.23

前　言

　　500 m 口径球面射电望远镜(简称 FAST),是世界上最大的单口径射电望远镜,属于国家"十一五"重大科学工程项目。FAST 反射面由索网支承结构(面索、下拉索、周圈钢构)、反射面单元和促动器构成,其最大特点是主动变位,即通过促动器主动控制下拉索在面索网上形成 300 m 口径瞬时抛物面以汇聚电磁波,实现跟踪观测。由于 FAST 项目的世界级地位和对未来深空探索的深远影响,以及该工程的独创性和巨大规模,从项目提出至今的每一步,都受到世人瞩目,成为国人的骄傲。

　　在国家天文台主导下,有众多科研单位和企业参与到 FAST 项目中,在不同阶段和不同专业方向发挥各自的科技专长,为项目的持续推进和实施做出了贡献。就反射面索网支承结构,哈尔滨工业大学、同济大学和清华大学等都做了许多基础性的科研工作。2011 年3 月,FAST 项目开始了先期的场地开挖,标志着工程进入实施阶段,但此时拉索的高应力幅疲劳问题成为 FAST 工程的关键技术瓶颈。经行业专家推荐和东南大学郭正兴教授的自荐,东南大学与国家天文台开始正式合作,涉及拉索材料、设计优化、施工和监控等多方面:2011 年,首先开展了"高应力幅耐疲劳 FAST 索网用钢索可行性试验研究"和"FAST 反射面索网支承结构一体化建模及疲劳性能评估";2012 年,又开展了"FAST 反射面索网支承结构优化和施工技术研究";2013 年至 2015 年,为索网施工实施提供了技术方案和分析;2014 年年底开始,与国家天文台又陆续开展了"FAST 反射面运行 CAE 辅助平台建设"和"基于力学仿真技术的 FAST 反射面准实时评估系统"等研究,现与国家天文台仍在持续合作中。近日,有幸受基金的资助,我们将近 6 年所做的 FAST 项目研究成果做一整理总结,出版本书。

　　本书由罗斌、郭正兴和姜鹏著,各章参编人员还有:第 1 章阮杨捷,第 2 章丁磊、张春水,第 3 章丁磊、张晨辉,第 4 章王凯、张春水,第 5 章肖全东、刘琪、谢国瑞、朱峰,第 6 章沈宇洲。

　　由于 FAST 索网结构工程的独创性和特殊性,6 年来的研究工作艰辛而充满激情。当我们带领研究团队努力及时完成国家天文台和施工企业的各项工作任务,每每受到赞许和鼓励时,更深切感受到:十多年始终如一地对索结构科研和工程的专注和积累,以及在众多大型工程实践中所凝聚的团队和工匠精神,是我们勇于挑战 FAST 工程的信心所在。当研究成果最终应用于工程实施中时,我们倍感欣慰。

　　在此,特向国家天文台南仁东研究员(FAST 总工程师兼首席科学家)致以敬意,南总丰富的学识,孜孜不倦的工作态度,认真推敲每一个细节的研究精神,朴实的生活态度,令我们十分感动,是我辈的楷模;感谢国家天文台 FAST 工程团队姜鹏研究员等的信任和支持;感谢哈尔滨工业大学范峰、钱宏亮团队的理论基础性研究成果;感谢中国建筑科学研究院钱基宏研究员和东南大学仪器科学与工程学院倪江生教授的推荐;感谢同济大学和清华大学等科研单位对索网的早期预研究成果;感谢柳州欧维姆机械股份有限公司和江阴法尔胜缆索有限公司对耐超高应力幅拉索科研的支持;感谢东南大学建筑设计研究院孙逊总工及东南大学预应力团队的支持。在本书的编写和出版过程中,得到东南大学出版社丁丁同志的热心支持和帮助,谨在此深表感谢。

近日,喜闻 FAST 主体工程建造完成,倍感高兴,以此书为一份薄礼献给 FAST 项目。成书较为匆忙,难免有差错和偏颇之处,望读者谅解和指正批评,谢谢。

目　录

1 绪　　论

1.1　背景

　　中国是世界上天文学起步最早、发展最快的国家之一,有大量观测资料,在星象观测中,天文仪器一直发挥着重要的作用。中国古代的天文仪器种类繁多,各个功用也不相同,主要有用来计时的工具、用来观测星象的工具、用来制定历法的工具等几种,具有代表性的有圭表、浑天仪(图 1-1)和简仪等。

　　千百年来人类只是通过可见光波段(图 1-2)观测宇宙,电磁波(又称电磁辐射)是由同相振荡且互相垂直的电场与磁场在空间中以波的形式移动,其传播方向垂直于电场与磁场构成的平面,能有效地传递能量和动量。电磁辐射可以按照频率分类,从低频率到高频率,包括无线电波、微波、红外线、可见光、紫外线、X 射线和 γ 射线等。人眼可接收到的电磁辐射,波长在 $380\sim780$ nm 之间,称为可见光。只要是本身温度大于绝对零度的物体,都可以发射电磁辐射,而世界上并不存在温度等于或低于绝对零度的物体。实际天体的辐射覆盖了整个电磁波段。射电望远镜是在无线电波段观测天体,几乎可以全天候、不间断地工作。来自太空天体的无线电信号极其微弱,自 70 多年前射电天文学诞生以来,所有射电望远镜收集的能量还翻不动一页书,因此阅读宇宙边缘的信息需要大口径望远镜[1]。

　　为了加快对宇宙探索的进程,提高中国的深空探测能力,积极参与国际竞争,中国天文界于 20 世纪 90 年代提出建造世界最大的单口径射电望远镜,它可以像一只庞大而灵敏的“耳朵”,用来捕捉来自遥远星尘最细微的“声音”,洞察隐藏在宇宙深处的秘密。

图 1-1　浑天仪

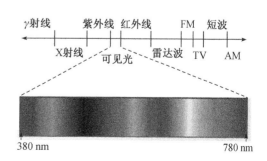

图 1-2　可见光波段

1

1.2 FAST 项目的功能和重要性

1.2.1 国际领先的射电望远镜技术

500 m 口径球面射电望远镜(简称 FAST)的天线口径为 500 m(图 1-3),采用柔性索网作为反射面支承结构,反射面板直接铺设在球面索网上,每个面索节点通过下拉索与地面促动器连接。该望远镜工作频率在 70 MHz～3 GHz 之间,分辨率可达到 2.9′,指向精度可达到 8″。与号称"地面最大的机器"德国波恩 100 m 望远镜(图 1-4)以及澳洲帕克斯天文台 64 m 望远镜(图 1-5)相比,其灵敏度提高约 10 倍。如果天体在宇宙空间均匀分布,FAST 可观测目标的数目将增加约 30 倍。与美国 Arecibo 300 m 望远镜(图 1-6)相比,Arecibo 的天线本身是固定在地面上的,随着地球的自转、公转,望远镜的中央指向会移动。而 FAST 主反射镜的每一块面板上加入实时主动控制技术,这样在观测的过程中,通过主动变形技术实时地把面板形成有效照明口径 300 m 的旋转抛物面。FAST 的观测灵敏度比 Arecibo 更高,而且 Arecibo 20° 天顶角的工作极限,限制了观测天区,特别是限制了联网观测能力。可以预测 FAST 将在未来 20～30 年保持世界一流设备的地位,并将吸引国内外一流人才和前沿科研课题,成为国际天文学术交流中心[2]。

图 1-3　FAST 建成后工程效果图

图 1-4　德国波恩 100 m 望远镜

图 1-5　澳洲帕克斯天文台 64 m 望远镜

图 1-6　美国 Arecibo 300 m 望远镜

1.2.2　FAST 项目的系统构成

根据 FAST 独特的工作和工程特点,将它分为了六大系统:台址勘察与开挖系统、主动反射面系统、馈源支承系统、测量与控制系统、馈源与接收机系统、观测基地建设。

（1）台址勘察与开挖系统:拟对选定区域的地形、工程地质和水文地质环境等进行工程详细勘察,对 FAST 主动反射面整体工程区域土石方进行开挖,以及对洼地排水通道进行设计等。

1994 年,中国科学家提出修建 500 m 单口径球面射电望远镜 FAST 这一想法,因为其口径超大,选址成了国家天文台首要待破解的难题。

1994 年底,北京天文台（现国家天文台）牵头 20 所院校,提出了"喀斯特工程"。准备从中国西南无数个喀斯特地貌的凹坑中,选出一个来建大望远镜。经过认真比对遥感图,确定了约 300 个候选的圆坑,经过走访又筛选出 80 个最圆的。贵州省黔南州平塘县克度镇金科村的一个圆形洼地——大窝凼（图 1-7、图 1-8）,成为最有力的竞争者。"凼",音 dàng,水坑的意思。

图 1-7　工程建设前的大窝凼洼地　　　　　　图 1-8　平整场地后的大窝凼洼地

最终,FAST 台址选定在贵州省黔南布依族苗族自治州平塘县克度镇金科村的大窝凼洼地,此洼地位于北纬 25.647222°,东经 106.85583°,直径大约 800 m,东北距平塘县城约 85 km,西南距罗甸县城约 45 km。总体位于贵州高原向广西丘陵过渡的斜坡地带,地势总体上北高南低,区域内碳酸盐岩广泛分布,岩溶峰丘、洼地、落水洞极为发育,地形起伏不平,低山地形。大窝凼洼地的山梁最高为东南侧山头,标高 1 201 m,洼地的最低点标高 841 m,最大相对高差达 360 m。洼地地表岩溶洼地发育,地形起伏大,坡度较陡,地貌类型简单,局部山体陡峭,形成陡崖和悬壁。这个"大窝凼"是一个圆形天然喀斯特洼地,这样做可以减少土石方开挖量,另外该地段有着优良的排水性、无重大自然灾害记录。水在石灰岩上削出几百米直径的"凼"。凼的底部都会有一个至少浴缸大小的水凼,这是积水向下渗透的地方。天文学家们考虑到,喀斯特地质下,积水可以从坑底渗漏出去,不至于淤积和危害天线。不过 FAST 的天坑里,还是开掘了一条通到"隔壁"坑里的排水道。

在中国有人烟的地区,大窝凼附近算是电波稀少的了。在 FAST 工程附近的另一个凼——钻过几百米的漆黑山洞,突现一座世外桃源。天坑底部种着蔬菜和庄稼,几栋木房子,狗吠鸡鸣之外,万籁无音,令人心旷神怡。这里不通电线,最近一个乡镇在 5 km 外。射电望远镜正需要这么一处静土。附近的农民将为此搬迁。而科学家们希望减少周边人类活动,避免电波风险。最灵敏的天线相当于最娇弱的耳膜,轻声耳语对它无异于大喊。因此,未来在 FAST 现场工作的科学家控制使用电器。FAST 的监听中心设在两道山以外。FAST 获取的信号通过光纤传输到监听中心,再传送到外界,全程不能用无线装置。

(2) 主动反射面系统:包括一个口径 500 m 由近万根钢索组成的反射面索网、反射面单元、促动器装置、地锚、周圈钢结构等。反射面的索网安装在周圈环形钢桁架上,它有 2 225 个连接节点,在面索网上安装 4 450 个反射面单元,面索网节点下方连接下拉索和促动器装置,促动器再与地锚连接,形成了完整的主动反射面系统,能够实现实时控制下拉索形成瞬时 300 m 口径抛物面的功能,见图 1-9 和图 1-10 所示。

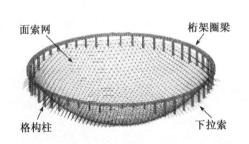
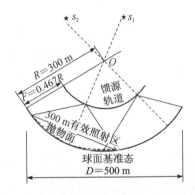

图 1-9　FAST 主动反射面索网支承结构示意图　　　　图 1-10　FAST 主动反射面工作原理示意图

(3) 馈源支承系统:在洼地周边山峰上建造 6 个百余米高的支承塔,安装千米尺度的钢索柔性支承体系(图 1-11)及其导索、卷索机构,以实现馈源舱的一级空间位置调整;制造直径 10 m 左右的馈源舱,在馈源舱内安装 Stewart 平台(精调并联机器人)用于二级调整;制造两级调整机构之间的转向机构,辅助调整馈源舱的姿态角。

(4) 测量与控制系统:建设 20 余个毫米级精度基准站组成的测量基准网,利用 10 余台全站仪,对反射面位形实时扫描;利用激光跟踪仪及激光跟踪系统实现对馈源舱实时反馈的控制;建设现场总线系统,调控反射面的主动变形;建设实时检测和健康监测系统。

图 1-11　馈源支承系统效果图　　　　　　　图 1-12　馈源支承系统施工首次升舱

(5) 馈源与接收机系统(图 1-12):研制高性能的多波束馈源接收机,频率覆盖 70 MHz～ 3 GHz。研制馈源、低噪声制冷放大器、宽频带数字中频传输设备、高稳定度的时钟和高精度的频率标准设备等。配置多用于数字天文终端设备。

（6）观测基地建设：主要负责观测基地及辅助设施的建设（包括道路施工等），以确保高质量地支持望远镜的运行、观测和维护，并满足 FAST 工作人员的工作与生活需要。根据功能需要，观测基地的建筑计划包括综合楼、维修厂房和分散在基地及反射面周围的零星建筑等。

1.2.3 FAST 项目的重要意义

具有中国独立自主知识产权的 FAST，是世界上正在建造及计划中的口径最大、最具威力的单天线射电望远镜，其综合体现了我国高技术创新能力。"FAST"工程于 2007 年 7 月 10 日获得国家发改委立项批准，隶属于国家"十一五"重大科学工程项目。它将在基础研究众多领域，例如宇宙大尺度物理学、物质深层次结构和规律等方向提供发现和突破的机遇，也将在日地环境研究、国防建设和国家安全等方面发挥不可替代的作用。其建设将推动众多高科技领域的发展，提高原始创新能力、集成创新能力和引进消化吸收再创新能力。它的建设与运行将促进西部经济的繁荣和社会进步，符合国家区域发展总体战略。

可预测 FAST 将在未来 20 年至 30 年保持世界领先地位。FAST 所提供的机遇将把我国科学家带入射电天文学和深空探测通信的最前沿，使我国跻身世界射电天文强国的行列。同时，其主动反射面支承系统的设计与建造工程本身对于我国土木工程技术，尤其是空间结构技术的发展提供了一个巨大机遇和挑战。

1.3 FAST 主动反射面系统

主动反射面技术是利用计算机控制调节 FAST 球冠反射面在射电源方向形成 300 m 口径的瞬时抛物面，实现天体的自动跟踪观测，它克服了 Arecibo 望远镜（不动球面反射面）经反射的电磁波不能汇聚于一点的缺点，简化了接收机的设计，但也增加了反射面支承结构的设计难度。该系统的组成部分主要有：索网支承结构、反射面单元、促动器、防噪墙、挡风墙和健康监测系统。

1.3.1 索网支承结构

FAST 反射面索网支承结构由索网和周圈钢构构成，是本书的研究对象。

索网由面索网和下拉索构成，不仅支承反射面单元，而且通过促动器控制下拉索使面索网从基准球面变形到工作抛物面，以实现反射面的主动变位。面索网按照短程线型网格（图 1-18(e)）划分方式编织成 500 m 口径、300 m 半径的球面，四周连接于周边环形桁架上，每个面索网节点连接下拉索使其作为稳定索和控制索，下拉索下端再与促动器连接，通过控制促动器实现反射面基准态和工作态的变位。

周圈钢构由环桁架圈梁和格构柱构成。环桁架圈梁的内径为 500 m，其内侧下节点与面索网连接，下侧支承在格构柱上。环桁架的一圈等标高，格构柱的高度跟随喀斯特地貌作相应变化。这种支承方案简化了面索边界的连接固定，且易于面索网格的划分；闭合的环桁架具有良好的平面内刚度，且通过改变不同高度格构柱的截面可以使得钢圈梁刚度相对均匀，总体来看结构形式相对简单，受力合理。

1.3.2 反射面单元

图 1-13　首个反射面单元现场

FAST 项目共需要建造 4 450 个反射无线电波的反射面单元(图 1-13)。每个单元为三角形结构,由背架、连接关节、调整螺栓和面板组成。背架和面板之间设置调整螺栓装置,用于面板单元装配阶段的面形调整。反射面单元为三角形结构,在单元的三个顶点上装有三个连接关节。它们安装在支承索网的节点上,形成位姿约束,并能在索网变形时,实现面板单元与索网之间的自适应滑动。

反射面单元结构由如下三部分组成:背架结构、檩条结构及反射面面板。面板采用厚 1.5 mm 的冲孔铝板,透孔率不小于 50%;背架全铝材料的空间网架结构,与索网节点连接部分采用不锈钢材料作为过渡件,以避免电化学腐蚀问题。

1.3.3 促动器

促动器是 FAST 反射面调整装置,由驱动装置(电动机减速组件)和执行机构(直线位移作动器)、信号装置(限位开关)等组成。促动器的下端铰接在地面支承装置上,上端通过下拉索铰接在面索网的下方。在主控系统控制下,促动器输出伸出或收缩动作并作用在面索网上,待面索网达到要求的形状位置时,促动器停止输出伸出或收缩动作,并由其内部的自锁机构固定输出位置,从而固定索网位置。

1.3.4 防噪墙和挡风墙

防噪墙位于圈梁结构上方,采用不锈钢钢丝网制成。支承结构采用两向正交正放桁架型网架,每隔一定距离设置一道平面外三角形钢支承。于支承结构上布设一定间距的横向檩条以铺设钢丝网,钢丝网边框采用镀锌角钢。

反射面四周设置挡风墙,挡风墙顶端与圈梁上表面平齐。随着山体地势的变化,挡风墙高度也相应改变。挡风墙体由彩钢板构成,其支承结构采用格构式桁架结构,每隔一定距离设置一道面外钢支承。于桁架结构上沿横向布设一定间距的檩条,彩钢板通过铆钉铆固于檩条结构上。

1.3.5 健康监测系统

FAST 反射面支承结构健康监测系统用于对 FAST 反射面上万个零部件的状态、安全和健康等进行监测,它包括传感器及数据采集子系统、结构分析及故障诊断系统、结构安全评定和时效性能诊断子系统、数据管理子系统和系统集成平台子系统等。

1.4 FAST 反射面支承结构的研究现状[3]

早在 20 世纪我国的科技工作者就已经开始着手对 FAST 项目的研究。FAST 反射面支承结构因其结构和工程的特殊性和复杂性,其结构的选型、材料的定制以及施工方案的选择都经过了反复的推敲和考证。

1.4.1 主动反射面支承结构的形式选择[6]

同济大学自 1994 年至 2001 年主要对离散式主动反射面支承结构进行了理论分析及试验研究。在最初的研究中,主动反射面采用离散式结构(图 1-14),整个球面由 1 788 个曲率半径 R 为 300 m、边长 a 为 7.5 m 的六边形球面基本单元组合而成,每一个基本单元在球面反射面体系中都是独立不变的子单元,在球面拟合抛物面运动中为一独立不变的子结构系统,并与相邻单元协调运动,基本单元靠三个两两相隔的支座支承,每个单元通过调节其下部的促动器来实现单元的变位。该结构优点是具有良好的空间刚度和整体性,基本单元易于制作、安装。

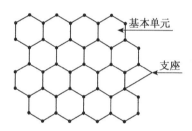

基本单元 支座

图 1-14 离散式结构示意图

基本单元采用两种形式:

(1) 刚性三角锥式网壳结构(图 1-15(a)),由钢和铝合金制成,其优点是易于加工成型,缺点是结构自重大,致使下部促动器受力大,影响促动器的工作性能、精度、使用寿命、可靠性及反射面的整体造价,同时铝合金材料弹性模量小、变形大、精度低、造价高。

(2) 张拉整体式结构(图 1-15(b)),由周边刚性杆和拉索构成,优点是克服了前一种结构形式自重大的缺点,降低了整个结构自重及促动器反力,缺点是加工成型困难。难以在 FAST 工程中得到很好的应用。

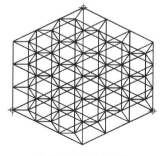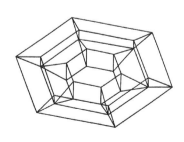

(a)三角锥式网壳结构　　　　　(b)张拉整体式结构

图 1-15 基本单元支承结构示意图

受到美国 Arecibo 望远镜反射面支承结构的启发,中国科学院国家天文台 FAST 研究小组于 2002 年提出了采用柔性拉索来支承 FAST 主动反射面的构想:用拉索按照一定的网格划分方式编织成球面索网以铺设反射面板,在面索节点设置若干根下拉索,下拉索的下端与促动器相连,通过调节促动器的长度来控制面索节点的位置,实现反射面从球面到抛物面的变位。与离散式结构相比,整体索网结构形式灵活,可以根据结构功能自由构成所需的结构形状,索为受拉构件,充分发挥了材料的使用效率,结构自重较轻。并且 FAST 主动反射面支承结构形状及边界条件比较适合于选用索网结构,索网还具有很强的变形能力,有利于实现工作时反射面的变位。通过改变下拉索的长度可以很容易弥补由于喀斯特洼地的地形复杂、高低不平带来的不足,减少了对洼地形态的要求。同时具有结构自重轻,加工、制作及安装相对简单,建设周期快,成本有所降低等优点[7]。

面板是反射面的另一个重要部分,它是望远镜用来直接接受天体辐射电磁波的,反射面板一般采用较薄的开孔铝板或铝丝网,其面外刚度很弱,因此必须在索网网格范围内设置一层支承结构,并对其进行适当的网格划分,以方便铺设反射面板,这一局部支承体系一般称为"背架结构"。背架结构自身具有一定的刚度,仅通过其角点与面索网节点相连,并且通过构造措施保证其仅以荷载的形式作用于面索节点,即在反射面变位时,背架结构不参与索网结构的共同作用。通过多种方案的深入研究对比,最终提出了由"整体索网结构+背架结构"共同支承 FAST 主动反射面的总体方案[8],见图 1-16 所示。

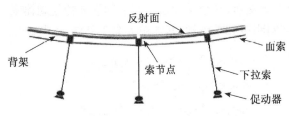

图 1-16　FAST 主动反射面示意图

1.4.2　下拉索方案

在面索节点形式的研究过程中,清华大学和同济大学均采用了四边形网格划分方式的整体索网结构,每个节点下设三根牵引拉索,通过对下拉索的控制实现球面到抛物面的变位。哈尔滨工业大学空间结构研究中心对张拉整体索网结构方案进行了系统的研究,提出了改进方案,分别采用四边形网格和三角形网格划分方式,且每个面索网节点下只设一根径向控制索。对比这两种下拉索方案如下:

(1) 下拉索方案 a(图 1-17(a))的三根下拉索控制面索节点的三向位移,使工作照射范围内每个面索节点严格沿基准球面径向变位至抛物面位置,即没有切向位移,照射范围以外的区域索网形状保持不变,这种调控方式下由索网变位过程引起的索网应力响应比较大。

(2) 下拉索方案 b(图 1-17(b))的每个面索节点只设单根径向下拉索,只调控面索节点的径向变位,而不限制面索节点的切向位移,即在允许面索节点发生自适应切向位移的情况下,将照射范围内面索节点调整到抛物面位置,其索网变位过程中的应力响应较小[9]。

根据 FAST 的功能要求,所关心的是主动反射面与工作抛物面形状的拟合精度,只需保证索网节点调节到指定抛物面上,即只需控制索网节点径向运动,而对切向运动不需限制。同时经过计算分析发现,单根拉索在不影响实现工作态的变位调节精度的前提下,具有下拉索根数少,变位时索网应力均匀的特点,因此确定了面索下设置一根下拉索的节点形式。

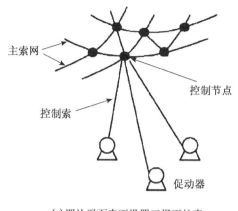

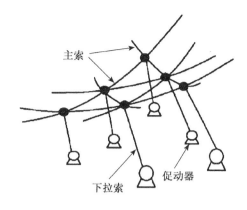

（a）四边形面索下设置三根下拉索 　　　　　　　　　　（b）三边形面索下设置一根下拉索

图 1-17　下拉索方案示意图

1.4.3　面索网的网格形式

FAST 主动反射面支承结构的球面索网网格的形式可以分为：三角形网格和四边形网格。

采用四边形网格时，球面上的四点无法同时移到指定的抛物面上，若采用三根下拉索控制，控制量大且三根下拉索会相互影响，会影响反射面的拟合精度。采用三角形网格能较好地解决背架结构的支承问题，三角形单元可用来拟合任意曲面（包括球面和抛物面），有利于提高反射面的拟合精度。另外，三角形单元与四边形单元相比，其平面形状稳定性要好，构成的球面索网面内形状比较稳定，在工作变位过程中索网形状更易控制。因此，球面索网采用三角形单元网格划分方式。

球面三角形网格仍有多种划分方式，常见的有三向网格、凯威特型及短程线型等。FAST 的寻源和跟踪会将球面索网的任意区域调节到指定抛物面上，因此从某种意义上希望球面索网的网格划分比较均匀，面索网各索段受力没有明显的主次之分，同时球面网格的种类数越少，越有利于反射面结构（包括面索、背架结构等）的加工制作。

哈尔滨工业大学的前期分析研究发现：

（1）三向网格比较适合于矢跨比较小的情形，否则实际网格大小相差较大，FAST 主动反射面的矢跨比（1/3.72）较大，并且网格尺寸的大小将直接影响球面背架结构与抛物面的拟合精度，因此认为三向网格不适合 FAST 主动反射面球面索网结构。

（2）凯威特型网格划分方式对称性好，网格相对较均匀，在建筑领域常用于圆形屋顶的单层网壳结构，但是经过计算发现凯威特型网格在主肋处索网应力不均匀，出现松弛现象，同时主肋的应力也高达 1 000 MPa 以上。

（3）短程线网格仅基本网格交点与 5 个三角形相连，其他节点均与 6 个三角形相连，这种划分方式具有传力路径短的优点，索长度也比较均匀。同时短程线网格的背架结构种类数较少，应力分布比较均匀，应力较小的索单元主要分布于基本网格的交点处，基本网格对应的极个别索单元应力较大，比凯威特网格索网受力均匀，且短程线二网格为 5 轴对称，对称性也相对较好，因此选定短程线二网格为 FAST 主动反射面整体支承结构的索网的最终划分方式（图 1-18）[8]。

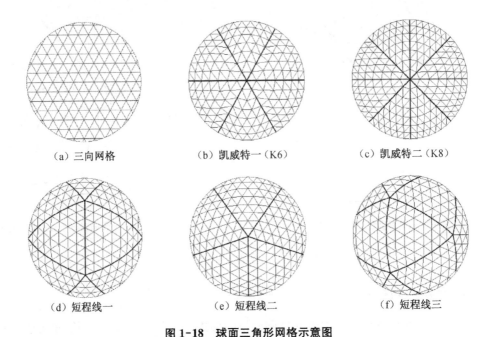

| （a）三向网格 | （b）凯威特一（K6） | （c）凯威特二（K8） |

| （d）短程线一 | （e）短程线二 | （f）短程线三 |

图 1-18　球面三角形网格示意图

1.4.4　温度场

FAST 索网由于太阳方位和周围地貌环境等因素,白天结构上的阴影分布随着时间变化,使得结构的温度场分布不均匀。上午阴影遮挡较多,主要是由于山顶高峰相对集中分布在洼地的东侧。针对温度场的分布,温度监测传感器宜沿东西向布置较密,以获取温度场的梯度变化,而南北向温度则较为均匀,可稀疏布置。由于环境温度变化是影响获取准确结构特征参数的最主要因素,用于模型修正和健康监测的结构静动力参数,宜在结构温度较均匀的时刻测试,凌晨 5 点左右则是较佳时间[4]。

1.5　工程的重点和难点

1）拉索疲劳问题

FAST 通过控制促动器拉伸或放松下拉索实现望远镜主动反射面索网的变位驱动。其工作实质是一种特殊的、长期的往复疲劳荷载,带来了面索网拉索的疲劳问题。因此,结构在长期变位下索的疲劳寿命是决定 FAST 主动反射面整体支承结构能否成功建造的关键之一。

FAST 反射面在球面基准态时,索网的应力水平为 500～600 MPa,从球面索网变至抛物面索网,面索应力变化分布范围为－340～130 MPa。长期主动变位工作使得 FAST 索网结构一直处于较高应力波动状态,对构件而言是一种特殊的、长期的往复疲劳荷载作用。按 30 年全年全天连续工作计算,FAST 反射面结构疲劳寿命要满足 47 478 次长时巡天跟踪观测和101 950 次随机独立跟踪观测,共 149 428 次。哈尔滨工业大学曾针对国内三个厂家提供的钢绞线和钢拉杆行高应力幅作用下的疲劳试验,分析其在高应力幅作用下的疲劳性能与破坏模型,并比较不同厂家钢绞线的疲劳性能,为 FAST 反射面结构设计与建造选材提供参考依据。试验发现:钢拉杆的疲劳寿命要远低于钢绞线,不能满足 FAST 对疲劳性能的要求。只有部分钢绞线能够满足要求,为确保工程安全应改进工艺,研制适应 FAST 工程的高性能钢绞线[5]。

对不含周圈钢构的 FAST 索网模型进行初步主动变位分析,在 30 年的运行期间内,预计总共有至少数十万次的观测,面索网的疲劳应力幅为 470 MPa。通过这部分研究可以看出,主动变位带来的疲劳分析对 FAST 主动反射面研究的重要性,但是它忽略了周圈钢构的影响,也没有对 30 年的运行期间内进行完整系统的索网拉索主动变位疲劳分析,缺乏可靠性。

结合 FAST 索网对钢索的特殊要求以及拉索疲劳性能的现状,在与中国科学院国家天文台 FAST 反射面研究组充分研讨后,提出必须设计新型钢索形式和索头形式,开展新型钢索的试验研究。本书以 FAST 主动反射面为主要背景并结合其他工程实践展开其整体支承结构的索网疲劳性能分析及新型耐超高应力幅疲劳的钢索试验研究。

2) 索网优化设计

FAST 的面索网为正高斯曲率,无法形成预张力自平衡的结构,而在面索网的外侧设置径向下拉索后,面索网和下拉索可构成预张力自平衡的正高斯曲率索网结构。另外,在工作使用中可通过促动器等设备调控下拉索的长度,促使面索网形成不同的曲面,从而实现正高斯曲率索网形控结构。

在工作使用中,载控结构是在荷载(如自重、温变、风载和雪载等)作用下被动发生位形变化而达到新的平衡状态;而形控结构为满足工作时的特定位形,不仅经受荷载作用,还在调控机构的作用下主动变位至预设的目标位形并引起内力变化。因此,形控结构的内力变化来自于两方面,即荷载变化和主动变位。

常规载控结构进行正高斯曲率索网形控结构设计的基本思路为:

(1) 设定已知条件,包括:索网的几何拓扑关系、拉索材料特性、荷载条件、边界约束条件、基准态和工作态的结构位形条件、拉索的容许应变和调控机构的容许载荷、拉索备选规格等。

(2) 初设拉索的规格和初始预张力。

(3) 工况分析,包括初始基准态和多个工作态。

(4) 拉索和调控机构的承载力验算。

(5) 若承载力不满足要求,则应调整拉索的截面规格和初始预张力。

(6) 重复步骤(3)至(5),直至迭代满足收敛标准。

采用常规载控结构的设计思路进行索网形控结构的设计,着重于工况分析,尽管思路简单,但由于形控结构的工作态工况过多,导致设计效率低,未能充分体现形控结构的工作特点。

3) 周圈桁架优化设计

FAST 索网结构的直径达到 500 m,为超大尺度的结构,而温度变化对这类结构影响较大。不同于常规荷载作用下的变形和应力,温度变形释放,则无温度应力;反之,温度变形约束,则产生温度应力。在常规大跨钢结构工程中,为削弱温变的影响,降低温度应力,往往采用支座滑动的方式释放温度变形。

如前所述,FAST 索网为形控结构,工作时通过促动器调节下拉索,使面索网主动变位至指定曲面上。也就是说,当温度变化时,工作的下拉索仍要将面索网拉至指定位置,以消除温度变形对面索网工作曲面的影响。

周圈钢桁架采用滑动支座,同较低的周边结构刚度一样,由于较柔的边界刚度,增大了索网周边的节点位移和主动变位的困难,从而导致边缘下拉拉力变化幅值大,另外还增大了索网的预应力损失;但有利的是,工作时索网内力变化幅度降低,钢支柱受力和支座反力减小。周圈钢桁架的支座形式从固支设计为滑动,其利弊尚需通过计算模拟进行进一步验证。

4) 周圈钢构和索网的施工方案

FAST 为超大型主动形控科学仪器,规模尺度大,结构形式特殊。反射面支承索网结构由 6 670 根面索和 2 225 根下拉索组成,其中面索的长度均为 11 m 左右,而下拉索的长度在 4 m 至 60 m 之间。施工场地在贵州山区,基础施工完毕后预留 3.5 m 宽的盘山公路,仅在球面底部有较为平坦的场地,球面上部均为陡峭的山体,地面场地非常粗糙。拉索在地面无法展开,无法在全场搭设大量支承架,重型吊装设备难以进入场内,高空作业量大。结构特点和场地条件决定了周圈钢构和索网安装的复杂性和挑战性。对超大直径索网的无支架、高精度安装技术将是研究的重中之重。

5) 施工精度控制

FAST 为高精度天文仪器,索网支承结构制作和安装的精度控制就显得异常重要。索网总球面面积约 252 456 m²,面索长度较短,约 11 m,根数多达 6 670 根。大量的拉索,在现场难以由工人自行调节索长误差。一旦结构安装完成,难以对索网再进行大规模的调整。索体弹性模量、索网和背架自重、面索综合无应力长度、边界节点坐标、下拉索地锚节点坐标的误差都会对索网最终成型精度造成影响。因此需进行误差敏感性分析,确定敏感性因素,并结合实际施工可达到的精度提出施工精度控制指标,为施工精度控制提供依据。

6) 运营中索网结构安全性的评估

FAST 项目重点在于针对望远镜索网主动变位的特性,基于力学仿真技术发展一套准实时辅助控制系统。该系统能够基于传感器输送的数据进行实时计算并补偿各种因素对反射面控制精度的影响,实时地对各种故障工况进行系统性评估。该系统将有助于提高望远镜反射面的控制精度及运行可靠性,为望远镜保证其应有的观测效率提供技术支持,对望远镜的调试、运行及维护有非常重要的实用价值。

FAST 项目难点在于:①实时接收 OPC 接口传输的促动器故障响应以及抛物面各工况的下拉索伸长量,并依据这些运行状态信息进行工况实时分析并反馈;②根据不同的要求误差限额,需设置不同的迭代次数,以进行全过程分析并形成总应力矩阵,并在此基础上进行超限判断;③由于该项目采用 MATLAB 和 ANSYS 作为实现准实时评估的主要工具,如何交互进行 MATLAB 操作和 ANSYS 有限元分析是实现控制目标,并保证计算效率的又一大难点。

2 基准球面态和工作抛物面态的找形分析

2.1 引言

FAST 作为天文射电望远镜,有特殊的使用功能,其主动反射面主要分为两个状态:球面基准态和主动变位工作态。反射面口径为 500 m,基准态时反射面为半径为 300 m 的确定球面,工作态时反射面的形状随时间连续变化,即通过主动控制在观测方向形成 300 m 口径瞬时工作抛物面,观测时工作抛物面随着所观测天体的移动在 500 m 口径的反射面球冠上移动,从而实现巡天跟踪观测。照射范围内工作抛物面的口径为 300 m,位于基准球面的内侧,与基准球面的最大距离约为 47 cm,且工作抛物面口径边缘处与基准面重合。

在工作使用中,载控结构是在荷载(如自重、温变、风载和雪载等)作用下被动发生位形变化而达到新的平衡状态;而形控结构为满足工作时的特定位形,不仅经受荷载作用,还在调控机构的作用下主动变位至预设的目标位形并引起内力变化。FAST 主动反射面支承结构受自重(包括背架结构和索网结构自重)和预应力的共同作用下主索网节点位于平衡状态时的球面,即本章所要研究找形的基准球面。而本章所要研究的主动工作抛物面变位,则为其他索网结构所没有的状态。FAST 索网结构受由下拉索促动器施加的一种强迫位移荷载,荷载大小由结构响应控制,即保证将照射范围内主索节点调节到指定工作抛物面上,这种强迫位移荷载也可以称为变位荷载,由于照射方向的任意性,这种变位荷载工况数也为无数种,并且这种变位荷载为 FAST 主动反射面整体支承结构分析的主要荷载。由此可见,FAST 索网为形控结构。找形分析是基于非线性有限元法,迭代调整下拉索的无应力长度,从而使放射面索网达到目标位形。

2.2 FAST 主动反射面索网结构的基准球面找形研究

2.2.1 FAST 主动反射面索网结构模型分析

根据前期国家天文台以及其合作单位的研究[8],已经确定了采用整体索网结构作为 FAST 主动反射面整体支承结构,按照短程线二的网格方式(图 1-18)编织成球面主索网,主索网具有五边对称的特性,每个主索网节点连接一根径向控制下拉索,下拉索下端与地面促动器相连以控制整个索网变位。

FAST 主动反射面整体支承结构模型(图 2-5)包括三个部分:

(1) 主索网(图 2-1),主索网上所有节点位于一半径 300 m、跨度 500 m 的球冠面上,即基准球面。

(2) 下拉索(图 2-2),下拉索一端与主索网节点相连,另一端连接地面促动器,通过促动器的控制牵引下拉索,进而使得主索网节点产生位移,即 FAST 主动变位,索网示意图见图 2-3 所示。

(3) 周圈支承结构(图 2-4),它与主索网连接,形成一个环箍固定主索网。为了实现 FAST 主动反射面整体支承结构的索网疲劳分析,必须要进行这部分的设计,将在第 3 章中介绍。

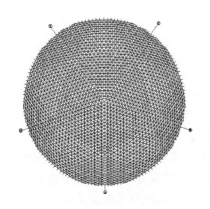

图 2-1　主索网示意图

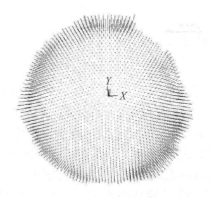

图 2-2　下拉索示意图

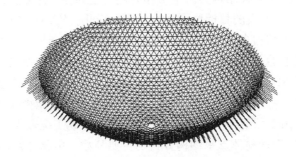

图 2-3　索网示意图

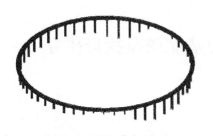

图 2-4　周圈钢构示意图

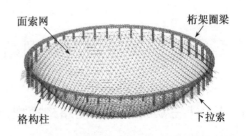

图 2-5　FAST 主动反射面整体支承结构示意图

采用通用大型有限元分析软件 ANSYS V12.0,并基于该软件二次开发平台,编制基准球面找形、主动变位、钢构和拉索承载力验算、疲劳统计分析等程序模块(图 2-6)。

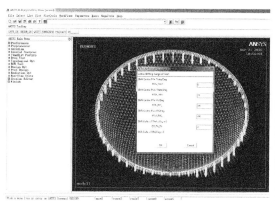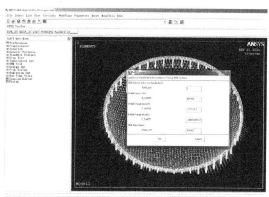

图 2-6 程序模块示意图

模型参数如下：

(1) 钢构采用 BEAM188 梁单元类型，拉索采用 Link10 只受拉、不受压的索单元类型。

(2) 分析中，采用全牛顿-拉斐逊迭代求解，考虑大变形和应力刚化效应。

(3) 拉索和钢构的材料性质见表 2-1 所示。

表 2-1 FAST 主动反射面整体支承结构材料力学性质

构件	密度 ρ(kg/m³)	弹性模量 $E(\times 10^5$ MPa)	温度膨胀系数 $\alpha(\times 10^{-5})$
拉索	9 027.5	2.2	1.2
钢构	7 850	2.06	1.2

FAST 主动反射面支承结构模型中并没有包括反射面的背架结构（背架结构不参与索网结构的作用），而是将其荷载以主索网节点集中荷载的形式等效到模型上。根据国家天文台的初期研究，得到背架结构的荷载值，将其等效成主索网节点荷载。背架总质量为 1 992 400 kg，以竖向集中荷载的形式作用在主索网节点上，图 2-7 为背架单元重量和面积的拟合图。分析模型的节点荷载总和为 19 722 kN，误差为 -1%。

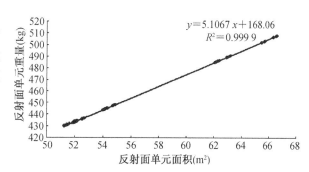

图 2-7 FAST 主动反射面单元重量拟合图

2.2.2 基于 FAST 特点的基准球面找形方法研究

由于 FAST 主动反射面支承结构所特有的功能、特点以及高精度的要求，一般的找形方法将难以适用。球面基准态包含了力和形两部分内容：力指拉力、钢构内力和支座反力等；形指主要结构尺寸（如跨度、矢高等）以及部分构件的空间姿态等。基准态下的力和形是相关的，力是在相应的形上达到平衡。其基准球面找形分析实质上是寻求合适的索网初始预应力分布,使索网在预应力、索网自重和上部背架结构自重共同作用下,其主索节点均在基准球面上。

根据研究可以采用两种方法对 FAST 主动反射面支承结构的索网进行基准球面找形研究:零状态找形分析方法和主动球面变位找形方法。

1) 零状态找形分析方法

零状态找形分析方法(图 2-8),以索网结构平衡态下的基准球面形态为初始形态,假定给出索网结构的初始计算预应力态,在此预应力态下结构将产生变形,得出各个主索网节点坐标值与基准球面形态下的差值,通过逆迭代来修改主索网节点坐标再次计算,如此不断迭代,最终实现平衡态下主索网各节点位于基准球面节点上,此时索网结构的预应力态即为所求的基准球面预应力态,因此,零状态找形分析方法也称为逆迭代法。零状态找形分析方法适用于具有较强几何非线性的结构。

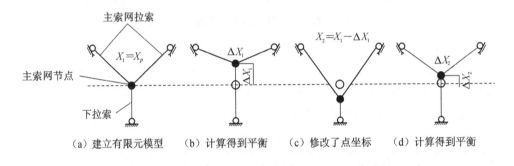

图 2-8　零状态找形分析方法示意图

其计算步骤如下:

(1) 已知目标基准球面下结构各节点的空间三维坐标向量 X_p,给定拉索一组初始计算预应力。

(2) 按照目标初始态下主索网各节点的坐标(X_p)建立有限元模型,并令 $X_1 = X_p$。

(3) 将结构自重、荷载和拉索初始计算预张力施加在结构中,进行非线性有限元分析,求得各节点的位移(ΔX_1)。若($X_1 + \Delta X_1$)与 X_p 的偏差满足收敛条件,则迭代收敛;否则,调整节点坐标为:$X_2 = X_1 - \Delta X_1$,重新计算。

……

(k) 对更新坐标的结构模型再次进行非线性有限元分析,求得各节点的位移(ΔX_k)。($X_k + \Delta X_k$)与 X_p 的偏差满足收敛条件,迭代收敛。此时计算所得平衡态即为找形分析所求的基准球面,索网拉索预应力态即为所求的基准球面预应力态。

采用零状态找形分析方法对 FAST 主动反射面索网结构进行基准球面找形计算。结构变形及主索网应力见图 2-9 和图 2-10 所示,由图可见:FAST 的索网结构在进行零状态找形分析后节点位于指定基准球面上,球面径向最大位移 −0.06 m,误差为 0.02%,满足 FAST 的高精度要求;同时主索网拉索应力为 375～577 MPa,应力范围也比较均匀。

虽然零状态找形分析方法经过计算,能够迭代收敛,并且变形和应力范围都能够满足要求,但是从图 2-9 和图 2-11 中我们也发现,由于下拉索长度变化不一且无对称性,经过反复逆迭代后得到的主索网节点坐标失去了五分之一的对称性,则主索网拉索的无应力长度失去了对称性,这给拉索的制作和安装带来了更大的困难,有必要进行新的找形方法的研究。

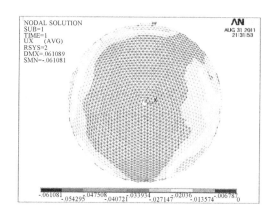

图 2-9　零状态找形后主索网径向变形图(m)

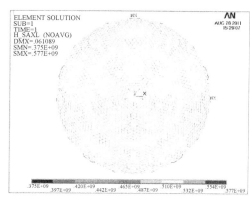

图 2-10　零状态找形后主索网拉索应力图(Pa)

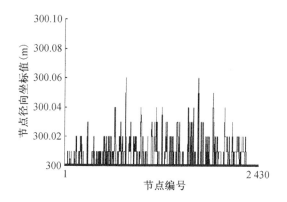

图2-11　零状态找形后主索网节点径向坐标值(m)

2) 主动球面变位找形方法(图 2-12)

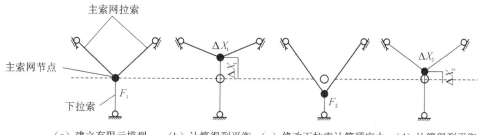

（a）建立有限元模型　（b）计算得到平衡　（c）修改下拉索计算预应力　（d）计算得到平衡

图 2-12　主动球面变位找形方法示意图

　　考虑到 FAST 特有的状态——主动变位工作态,在主动变位工作态下促动器给予下拉索一强迫位移,下拉索牵引着主索网节点,使得主索网节点落到指定工作抛物面上。利用这个思想,我们同样可以利用下拉索促动器把主索网节点调节到基准球面上,从而达到基准球面找形的目的,即主动球面变位找形方法。其计算步骤如下:

（1）已知目标基准球面下结构各节点的空间径向坐标向量 X_p，给定拉索一组初始计算预应力 F_1（包括主索网和下拉索）。

（2）按照目标初始态下主索网各节点的坐标（X_p）建立有限元模型，并令 $X_1＝X_p$。

（3）将结构自重、荷载和拉索初始计算预张力施加在结构中，进行非线性有限元分析，求得各节点的位移（ΔX_1）。若（$X_1＋\Delta X_1$）与 X_p 的偏差满足收敛条件，则迭代收敛；否则，调整下拉索计算预应力为：$F_2＝F_1－\Delta X_1\times E\times A/L$，不改变主索网的初始计算预应力及主索网节点的空间坐标，继续迭代。

……

（k）对初始的结构模型再次进行非线性有限元分析，求得各节点的位移（ΔX_k）。（$X_k＋\Delta X_k$）与 X_p 的偏差满足收敛条件，迭代收敛。此时计算所得平衡态即为找形分析所求的基准球面，主索网拉索预应力态即为所求的基准球面预应力态。

采用主动球面变位找形方法对 FAST 索网结构进行基准球面找形计算。结构变形及主索网应力见图 2-13 及图 2-14 所示，由图可见：FAST 索网结构在进行主动球面变位找形后，节点位于指定基准球面上，球面径向最大位移－0.000 09 m，误差为 0.000 03％，满足 FAST 的高精度要求；同时主索网拉索应力为 435～573 MPa，应力范围更加均匀。从图 2-11 中我们也发现，经过反复逆迭代后得到的主索网节点坐标并没有失去了五分之一的对称性，则主索网拉索的无应力长度没有失去了对称性，这就有利于拉索的制作和安装。

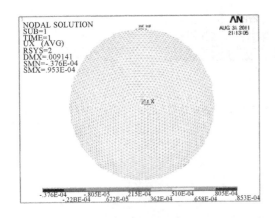

图 2-13　主动球面变位找形后主索　　　　图 2-14　主动球面变位找形后主索
网径向变形图(m)　　　　　　　　　　网拉索应力图(Pa)

3）基于 FAST 特点的基准球面找形方法小结

可以看出采用两种找形分析方法，所得到的球面基准态不相同。为便于对比，暂不考虑周圈钢构对其索网结构的影响，此处的分析模型仅考虑了主索网和下拉索部分。

对比两种基准球面找形分析方法（表 2-2），两者主索网拉索应力基本五分之一对称；主动球面变位找形的主索网应力极差［573－435＝138（MPa）］小于零状态找形的结果［577－375＝202（MPa）］，且主动球面变位找形后的主索网节点坐标值不仅满足了 FAST 精度的要求，更保持了结构的五分之一对称，便于今后拉索的制作与安装。因此后续球面基准态找形均采用主动球面变位找形分析方法。

表 2-2　基准球面找形方法对比

找形方法	径向变形 (m)	三维变形 (m)	主索应力 (MPa)	索网变形和应力是否 五分之一对称
零状态找形 分析方法	0 (-0.06)	0.06	375～577	否
主动球面变 位找形方法	0.000 09 (-0.000 04)	0.009	435～573	变形对称 应力基本对称

2.3　FAST 主动反射面索网结构的主动工作抛物面变位研究

2.3.1　主动工作抛物面变位介绍

FAST 主动工作抛物面变位主要包括两个部分:寻源和跟踪。FAST 具有千米级高精度非接触测量系统,能够实时测量主索网节点的三维坐标值,不论寻源和跟踪,都是根据测量结果调节索网结构下拉索的促动器。

(1) 寻源,根据 FAST 高精度的测量系统,实时采集节点数据,调节照射范围内的下拉索的促动器,使得照射范围内的主索网节点变位到指定工作抛物面上,进行天文观测。每一次寻源过程可以看成独立的主动工作抛物面,不需要变位的主索网节点则不进行主动的变位调节。如图 2-15、图 2-16 及图 2-17 所示。

图 2-15　寻源 a

图 2-16　寻源 b

图 2-17　寻源 c

(2) 跟踪,跟踪过程的本质跟寻源过程是一致的,都是调节下拉索的促动器,使得照射区域的主索节点调整到指定工作抛物面位置,不同的是寻源可以看成是一个静态过程,而跟踪过程却是一个动态过程。如图 2-18 可以视跟踪为寻源 a、b、c 三个独立寻源过程的连续观测。

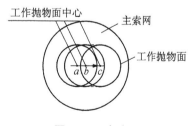

图 2-18　追踪

通过研究发现,跟踪与寻源的主要区别为变位前索网所处的状态不同,跟踪对应索网处于前一个工作抛物面,而寻源对应的为基准球面。由于 FAST 在进行天文观测时运动速度非常慢,跟踪时工作抛物面在反射面上的移动速度约为 21.8 mm/s,主节点径向移动的最大速度约为 1 mm/s,因此也可将跟踪过程看作是一个拟静力过程[10]。所以在进行主动工作抛物面变位研究时,寻源和跟踪的计算都可看成是一个拟静力的过程,工作状态均为照射范围内主索节点位于指定抛物面位置,而照射范围以外的主索节点对应的下拉索的促动器均为基准球面时的状态。因此,在对 FAST 索网结构进行变位研究时,将不同角度寻源变位后得到的索网结构响应模拟所有的主动工作抛物面变位响应,大大减少了计算量,对分析结构的影响也很小。

2.3.2 工作抛物面选取

选取不同工作抛物面,对索网结构的各项结构性能指标都不同。针对 FAST 的特点和要求,必须要对几种可能的工作抛物面进行对比分析,以期得出较优的工作抛物面,主要评价指标有:①变位过程中主索应力响应范围;②下拉索的最大拉力,其实际上为促动器的最大功率、基础受到的最大拉力,同时也决定了拉索的截面尺寸;③工作过程中下拉索的平均拉力,其代表系统运行维护成本;④促动器的行程,其也在一定程度上决定了促动器的造价;⑤主索截面尺寸,在一定程度上决定了索网结构的材料造价。

为了能更加方便地说明,这里分别采用圆弧和抛物线来代替基准球面和工作抛物面,二者的方程可以分别表示为:$x^2+y^2=R^2$ 和 $x^2+2py+c=0$,其中 R 为 300 m,p 和 c 值决定了抛物线的形状和与基准面的相对位置。表 2-3 给出了三种抛物线的相关参数,其中抛物面与基准球面的距离的最值中正值表示抛物面位于基准面内侧,负值则反之。其中抛物线一是以促动器的总行程(即抛物面与基准球面距离最大值和最小值的绝对值之和)最短为优化目标得到的抛物线形状;抛物线二、三是以抛物面和基准球面之间的距离幅值最小为优化目标得到的变位策略,其中抛物线二在工作区域边缘(即照射区域的 300 m 口径处)的调节量不为零,而抛物线三工作区域边缘的调节量为零。图 2-19 给出了照射范围内不同位置处圆弧线与三种抛物线的距离。

表 2-3 三种不同工作抛物线的相关参数

抛物线形	$c(\times 10^5)$	p	抛物线与基准面的距离(m)		
			最值		工作区域边缘处
抛物线一	−1.679 4	−279.903 8	0.673 9	0	0
抛物线二	−1.683 5	−280.263 5	0.335 6	−0.335 6	−0.335 6
抛物线三	−1.662 5	−276.647 0	0.473 0	−0.473 2	0

注:抛物线方程为 $x^2+2py+c=0$

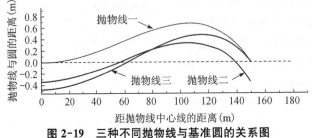

图 2-19 三种不同抛物线与基准圆的关系图

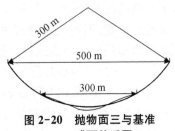

图 2-20 抛物面三与基准球面关系图

根据哈尔滨工业大学的研究[11],抛物线三除了使得促动器行程较大之外,其他各项评价指标均能较好地实现,所以选定抛物面三作为最优方案,进行主动工作抛物面变位。抛物面三与基准球面关系见图 2-20 所示。

2.3.3 主动工作抛物面变位的程序模块编制

采用通用大型有限元分析软件 ANSYS V12.0,并基于该软件二次开发平台 APDL 语言进行程序模块的编制。根据 FAST 的特点及功能,要实现程序化的主动工作抛物面变位必须要解决以下几个问题:①在 30 年的运行期间内,FAST 要进行大量的天文观测,而根据前面的研究可以知道,其实质就是不断地进行主动工作抛物面变位,如何能够有效快速地拾取这些变位区域;②如何实现可视化的程序操作模式,在进行变位计算时可以快捷的进行参数的设定以及大量变位区域的输入;③由于主动变位情况的复杂性,其计算量巨大,不可能一次性计算完成,其索网结构的变形及应力响应必须实时存储,如何来存储如此大量的数据,并且不能影响计算速度;④考虑的计算量和计算时间,如何有效地减少迭代步骤,优化计算过程,并且保证计算的精度,以达到 FAST 天文观测的高精度要求。

综合考虑以上几个方面,程序模块编制步骤如下(图 2-21):

(1) 进行 FAST 索网结构的基准球面找形,使主索网节点都位于基准球面上,并满足精度的要求(计算精度设定为 1 mm)。

(2) 输入工作抛物面形状的各项参数,利用工作抛物面中心点的坐标寻找到工作抛物面在基准球面上的位置,输入的坐标值采用 α 和 β 两个参数,分别表示中心点与球心的连线与 x

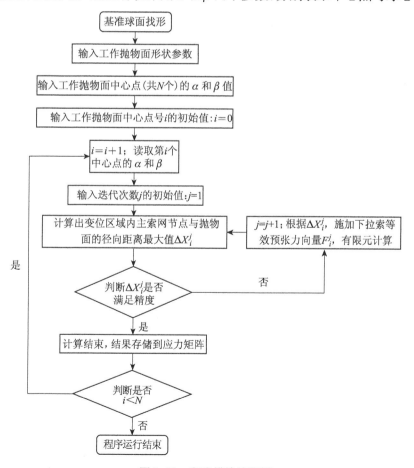

图 2-21 程序模块流程图

轴和 z 轴的夹角(根据这一设定 α 为 $0 \sim 360°$,β 为 $-90° \sim -63.6°$)。

(3)读取第 i 个中心点的 α 和 β 值,寻找到变位区域,计算出变位区域内主索网节点与抛物面的径向距离最大值 ΔX_i^r,判断其是否满足精度要求。

(4)根据 ΔX 对其下拉索施加相应的等效预张力 F,进行非线性有限元计算;得到变位区域内主索网节点与抛物面的径向距离 ΔX,判断其是否满足精度要求,若不满足,回到第五步,根据 ΔX 对其下拉索施加相应的等效预张力 F,进行非线性有限元计算。

(5)直到 ΔX_i^r 满足精度要求,计算结束,把主索网单元的所有应力值存储到一应力矩阵,这个应力矩阵行表示单元号,列表示工况号。

(6)回到第五步,读取下一个中心点的 α 和 β 值,继续计算,直到完成整个主动工作平面变位分析。

2.3.4 主动工作抛物面变位的算例

根据主动工作抛物面变位分析程序,设定分析参数为:$p = -276.6470$,$c = -166250$,口径 300 m,找形迭代收敛允许误差为 1 mm,后续同。中心点位置为 $\alpha = 0$、$\beta = -90°$ 和 $\alpha = 0$、$\beta = -80°$。计算所得索网结构的变形及应力见图 2-22~图 2-25 所示。

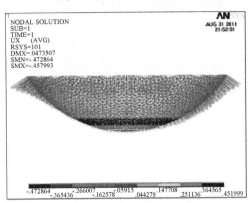

图 2-22 索网节点球面径向变形(m)
($\alpha = 0$、$\beta = -90°$)

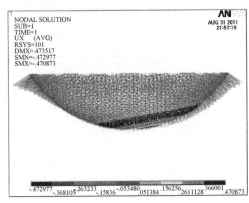

图 2-23 索网节点球面径向变形(m)
($\alpha = 0$、$\beta = -80°$)

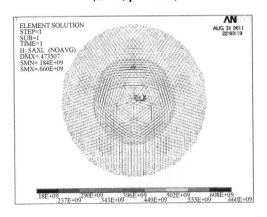

图 2-24 主索网应力图(Pa)
($\alpha = 0$、$\beta = -90°$)

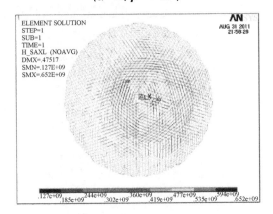

图 2-25 主索网应力图(Pa)
($\alpha = 0$、$\beta = -80°$)

由图 2-22 和图 2-23 可以看出,主索网节点径向变形分别为−473～458 mm 和−473～471 mm,而按照标准抛物面的解析值为−473～473.2 mm。最小变形值的误差为 0,满足了迭代要求。但是最大变形值的误差超过了迭代误差(1 mm),这是由于计算的两个变形区域中心点都不在主索网的节点上,导致变形最大的中心点并没有在云图上显示,实际上主索网节点对应最大变形值与解析值的是小于迭代误差的,满足了迭代要求。

由图 2-24 和图 2-25 可以看出,经过主动工作抛物面变位后,主索网应力范围分别为184～660 MPa 和 127～652 MPa。为了保证 FAST 索网结构主动工作抛物面变位的顺利进行,主索网拉索必须要有足够的应力储备,在进行主动变位后不能有拉索松弛,导致无法变位,或者拉索应力超过其设计使用应力限值。从以上计算结果可以看出,主动工作抛物面变位程序模块能够实现 FAST 索网结构的主动变位分析,并且在索网结构变形及拉索应力范围方面都能够满足 FAST 的使用功能。因此在之后的 FAST 周圈钢构设计和主动反射面整体支承结构的疲劳分析将采用此主动工作抛物面变位程序模块。

2.4　小结

与一般建筑的索网结构不同,FAST 作为天文射电望远镜,要实现天文观测需要不断地调整其主动反射面部分区域的形态,所以 FAST 索网结构的分析主要包括两个状态:①基准球面态(即普通建筑的初始态),它是主动反射面初始的平衡态,要研究分析此状态必须进行基准球面找形分析;②主动变位工作态,这是 FAST 所特有的状态,必须进行主动工作抛物变位分析。

(1) 基于 FAST 的特点,可以采用两种基准球面找形分析方法:①零状态找形分析方法;②主动球面变位找形方法。对比这两种找形方法,并且根据理论编制了相应的找形程序模块。

(2) 分别用两种方法进行了基准球面找形分析,发现了其变形及应力都能够满足 FAST 的要求。但是由于下拉索长度无对称性,若索网基准球面找形采用零状态找形分析方法,则逆迭代得到的主索网节点坐标也失去了五分之一的对称性,则主索网拉索的无应力长度失去了对称性,这给拉索的制作和安装带来了更大的困难;若采用主动球面变位找形方法,则找形前后主索网拉索的无应力长度并未发生变化,仍具有五分之一的对称性,且主动球面变位找形的主索网应力极差小于零状态找形的结果。最终确定后续球面基准态找形均采用主动球面变位找形分析方法。

(3) 根据 FAST 所特有的主动变位工作态,选择最优的变形策略,进行了主动工作抛物面变位研究。根据主动工作抛物面变位理论及变位分析面临的难点,采用通用大型有限元分析软件 ANSYS 进行主动变位程序模块的编制,实现了可视化有效快捷的主动变位分析操作,并且对两种案例进行了计算分析,验证了其主动变位的正确性以及变位程序模块的可行性。最终确定后续 30 年运行期内,FAST 主动反射面整体支承结构的索网疲劳分析采用此程序模块。

3 反射面索网结构疲劳分析和
拉索疲劳试验研究

3.1 疲劳分析

FAST 主动反射面整体支承结构分析最大的特点就是主动变位工作态。索网结构通过下拉索促动器对主索网施加一种强迫位移荷载（即变位荷载），荷载大小由结构响应控制并不断调整，最终保证将照射范围内主索网节点调节到指定工作抛物面上，这实质上是一种特殊的、长期的往复疲劳荷载。由于照射方向的任意性，这种变位荷载工况数也为无数种，并且这种变位荷载表现为 FAST 主动反射面整体支承结构的主要荷载，所以带来了 FAST 主动反射面整体支承结构的索网疲劳统计分析问题。

中国科学院国家天文台根据 FAST 的天文观测轨，生成了抛物面中心点（以下称为轨迹点）随时间变化的坐标值数组。轨迹点按 30 年和 70% 的观测效率生成，总共观察次数228 715次，轨迹点 3 410 008 个。理论上每次轨迹点对应一个主动工作抛物面变位，索网的疲劳统计分析要进行 341 万次的主动变位计算，并且要存储下每次计算结果以进行分析，如此庞大的计算量以及存储量是难以实现的。

本章将根据 FAST 主动反射面整体支承结构的特点，研究其索网疲劳统计分析的可行性方法，并完成 FAST 在 30 年天文观测中的索网拉索不同应力幅下的疲劳次数统计，根据统计结果分析索网拉索的疲劳特征。

3.1.1 基于 FAST 特点的疲劳统计方法研究

3.1.1.1 疲劳统计方法介绍

统计 FAST 在 30 年天文观测中的索网拉索不同应力幅下的疲劳次数，即将计算分析得到的载荷-时间历程简化为一系列的全循环或半循环的过程，可称为计数法[13]。国内外已发展的计数法有十余种。疲劳分析的可靠性在很大程度上取决于所采用的计数法。同一载荷-时间历程采用不同的计数法有时会产生较大的差别。从统计观点上看，计数法大体上可以分为两类[14]：单参数法（只考虑载荷循环中的一个变量，譬如变程）和双参数法（同时考虑两个变量）。单参数法主要包括：峰值计数法、穿级计数法和量程计数法。双参数法现在最主流的是雨流计数法。

两类方法都存在其优缺点，单参数计数是目前工程应用最多的计数法，它具有概念明了、操作简单等优点。但用单参数计数法对结构进行预测计算时，主要采用载荷累积频次分布形式和 S-N 曲线，计数中丢失了一些有价值的参数，如载荷的先后次序、中值等，因而预测精度受到影响。双参数计数的最大优点是同时记下了载荷的起讫点和中值。此外,还可得到载荷的不规则度系数 I 和导出单参数计数结果等。但双参数计数一般比单参数计数复杂,特别是雨流计数法。下面将分别介绍并进行对比。

1) 峰值计数法

简单的峰值计数法就是将所有应力的极大值和极小值都分别统计出来。但一般只统计平均值以上的极大值和平均值以下的极小值。这种计数法的出发点是这个过程在一个统计时间平均内是对称于均值,即假定这个过程是广义各态历经的。这种计数方法的结果不能提供有关应力极大值和极小值的顺序的任何信息。而 FAST 的疲劳统计是要得到不同应力幅下的疲劳次数,所以峰值计数法不能够适用。

2) 穿级计数法

穿级计数法即把整个应力范围分为若干个应力水平等级(一般取等间距),然后统计出沿着正斜率(应力增加)或者负斜率(应力减小)穿过给定的应力水平的次数。这是一种比较简单的分析时间历程的方法,使用这种方法也会将实际应力的顺序信息完全丢失。

这个方法要求在进行 FAST 的疲劳统计前要预估到这个 30 年时间内的应力范围,并且给定应力水平。另外,该方法与峰值计数法类似,不能统计出不同应力幅范围,所以难以用于 FAST 工程。

3) 量程计数法

量程计数法和前面两种计数方法不同,统计的是特征时间的应力变化值。量程的定义为应力曲线从极小值到随后的极大值(正变程)或者从极大值到随后的极小值(负变程)的距离,即两个相邻的极值之间的差值(半个应力循环)。

虽然此方法也会完全丢失实际峰值的位置和它们值的信息,但是对 FAST 不同应力幅范围的统计是没有影响的,并且计数方法操作起来简单明了。

4) 雨流计数法[15-16]

雨流计数法简称雨流法,相对以上单参数法较为复杂。它根据载荷历程得到全部的载荷循环,分别计算出全循环的幅值,并根据这些幅值得到不同幅值区间内所具有的频次。

计数原理:载荷历程形同一座高层建筑物,雨点依次从上往下流动,根据雨点向下流动的轨迹从而确定出载荷循环,并计算每个循环的幅值大小。

计数规则:①以最高峰值或者最低谷值为雨流的起点,视二者的绝对值哪个更大而定;②雨流依次从每次峰值或者谷值的内侧往下流,在下一个峰值或者谷值处落下,直到对面有一个比开始的峰值更大或者谷值更小的值时停止;③当雨流遇到来自上面屋顶流下的雨流时即停止;④取出所有的全循环,并记录下来。

3.1.1.2 疲劳统计方法实例统计对比

可以看出量程计数法和雨流计数法能够实现 FAST 在 30 年时间内的疲劳次数统计。下面将利用实例对比这两种方法,并确定出一种应用于 FAST 工程。

FAST 的天文观测具有随机性,有无数条轨迹线(由轨迹点连接而成的线),但是在每条轨迹线上,都是进行连续性观测,移动速度约为 21.8 mm/s,较为缓慢,从而使得索网拉索的应力在每一段上变化均匀,不会发生突变,只有当观测轨迹点移动到另一条轨迹线上时才有可能发生突变。如图 3-1 和图 3-2 所示。

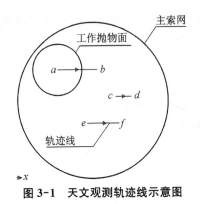

图 3-1　天文观测轨迹线示意图

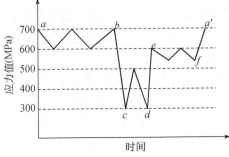

图 3-2　对应某根拉索应力值-时间示意图

图 3-1 中列举了三条轨迹线分别为:轨迹线 ab、轨迹线 cd 和轨迹线 ef。工作抛物面的中心点(轨迹点)沿着 a→b→c→d→e→f 移动,为了满足雨流计数法的要求最后轨迹点回到 a 点。图 3-2 显示了某根拉索在这个过程中的应力值-时间关系图,这里为了方便计算假定每条轨迹线内应力值均匀变化,只有移动到另一条轨迹线上时才会发生突变。分别采用量程计数法和雨流计数法进行疲劳统计,由于雨流法采用的是全循环计数,这里把雨流法的统计值乘以 2 来对比。

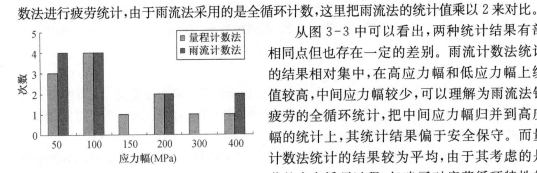

图 3-3　两种计数法统计结果对比

从图 3-3 中可以看出,两种统计结果有部分相同点但也存在一定的差别。雨流计数法统计出的结果相对集中,在高应力幅和低应力幅上统计值较高,中间应力幅较少,可以理解为雨流法针对疲劳的全循环统计,把中间应力幅归并到高应力幅的统计上,其统计结果偏于安全保守。而量程计数法统计的结果较为平均,由于其考虑的是疲劳的半个循环过程,忽略了对疲劳循环特性的完整描绘,理论上其统计结果是偏于不安全的。

但最终还是确定以量程计数法为 FAST 索网拉索的疲劳统计方法,其原因有以下三点:

(1) FAST 的疲劳统计量极大,虽然量程计数法的统计结果偏于不安全,但和雨流计数法相比它更加简单,易于实现,节省时间,对于极大统计量的工程而言更加适用。

(2) 仔细研究两种方法的统计结果可以发现,在疲劳次数的总数上两者是相等的,这样就可以通过量程计数法进行疲劳统计,利用总数相等的原则以及两种方法统计结果上的理论关系,对雨流法的结果进行合理的推断,来保证结果的安全性与正确性。

(3) FAST 在每条轨迹线上的观测连续且速度很慢,只有当观测轨迹点移动到另一条轨迹线上时才有可能发生突变,总的来看其应力变化比较规则,在这种情况下,每一种计数法所得到的累积频次分布曲线形式相近,所以选哪一种计数法都不致产生较大的误差[17]。

3.1.2　FAST 索网拉索的疲劳次数统计

FAST 索网拉索的疲劳次数统计采用有限元软件 ANSYS 及其二次开发的程序模块,分三个步骤进行:①根据工作抛物面中心点的天文观测移动生成轨迹线;②在变形区域中,选择特征点进行主动工作抛物面变位计算并存储;③以量程计数法编制疲劳数据的统计程序模块,统计出 FAST 索网拉索在不同应力幅下的疲劳次数。

3.1.2.1　工作抛物面中心点轨迹线生成

根据工作抛物面中心点（即轨迹点）的轨迹，在 ANSYS 中生成其移动的轨迹线，从而确定出包含所有轨迹线的区域（这里称为变形区域）。

根据 FAST 的天文观测轨迹（图 3-4a、b、c、d），生成抛物面中心点随时间变化的坐标值数组（由国家天文台 FAST 工程科学部提供，见（图 3-4e））。在 ANSYS 中导入这些坐标值数组，形成抛物面中心点的轨迹（图 3-5），变形区域指小圆圈所包含的区域。轨迹文件按 30 年和 70% 的观测效率生成，共提供了四种观测模式的轨迹点，这里分析的是四种观测模式按预计科学目标分配所得到的轨迹点分布，总共观察次数 228 715 次，轨迹点 3 410 008 个。

水平方位角 theta 是与 x 轴的夹角，0 至 360 度，右旋为正方向（即 x 轴向 y 轴转动方向）。垂直俯仰角 phi 是与 z 轴的夹角，根据变形计算的需求，即按 FAST 工作抛物面变形区域不超出 500 m 边缘，最大观测天顶角为 26.4°，所给轨迹数据 phi 最大值为 −63.6°。轨迹点时间间隔为 120 s，对应在反射面上的间隔约 0.5°。

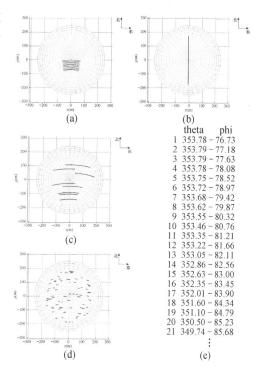

图 3-4　天文观测轨迹及坐标值

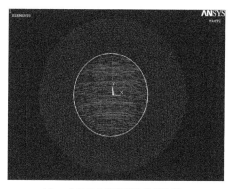

（a）一个月天文观测产生的轨迹线

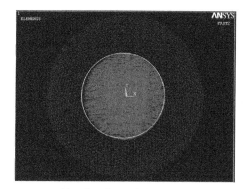

（b）一年天文观测产生的轨迹线

图 3-5　ANSYS 中生成轨迹线示意图

3.1.2.2　变形区域内特征点的主动变位计算

在变形区域中有 341 万个轨迹点，不可能全部进行主动变位计算，只有选择其中的部分轨迹点，通过这些点的索网应力数据依次推导出全部轨迹点的应力数据，得到 30 年内 FAST 索网的应力值-时间曲线，从而统计出不同应力幅下的疲劳次数。这些部分轨迹点的选择必须要保证计算的精度及效率，这里把这些轨迹点称为特征点，通过索网的特点选择其特征点进行主动变位计算。

FAST 的索网是由三角形网格组成（图 3-6）。拉索长度为 10～12 m，即每个三角形近似为等边三角形，并且其分布均匀对称，利用这一特点，选用变形区域内的三角形节点（即主索网节点)为特征点,保证了计算精度更加提高了计算效率。如图 3-7 所示,选出变形区域中的 550 个特征点。

图 3-6 索网细部图

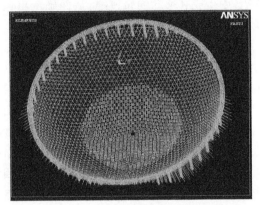

图 3-7 变形区域特征点示意图

采用编制的主动变位程序模块,独立计算出工作抛物面中心点主动变位到每个节点时主索网的应力分布,并存储下来。每个特征点对应一个工况,这样就存储了 550 个工况下每个主索网单元的应力数据,应力存储情况见图 3-8 所示。

主索网单元号	工况1	工况2	工况3	工况4	工况5	工况6	工况7	工况8	工况9	工况10…
1	547.6	537.3	536.3	555.7	545.8	487.9	464.5	469.7	508.0	492.0
2	547.0	534.4	534.6	557.1	546.5	477.3	451.3	457.1	500.0	482.5
3	317.6	283.6	254.2	357.7	291.2	255.0	283.7	255.2	248.3	225.4
4	364.1	333.9	382.4	400.6	417.1	317.9	350.7	358.3	307.0	340.0
5	392.2	386.1	392.9	401.8	401.0	384.9	377.4	376.5	388.1	381.0
6	410.0	404.0	409.0	418.0	416.4	390.7	384.6	389.5	395.8	394.1
7	384.9	396.3	391.6	369.9	380.4	421.3	430.5	427.2	413.7	418.4
8	548.8	544.7	538.5	553.1	543.0	525.1	517.8	514.4	531.5	521.8
9	590.0	588.1	582.0	590.7	583.6	577.2	572.2	567.3	581.6	572.0
10	596.0	593.3	587.2	597.9	589.6	582.0	577.0	572.3	586.4	576.8
11	510.5	506.5	506.2	503.9	515.5	435.1	396.6	375.8	467.6	419.6
12	541.3	538.1	539.3	533.4	533.4	466.9	428.4	458.1	499.5	491.4
13	283.3	328.9	309.2	244.7	269.3	464.1	498.2	474.9	422.7	438.4
14	295.8	339.6	324.2	259.1	287.4	469.3	501.8	479.3	429.6	445.2
15	534.8	536.3	527.3	524.0	523.8	476.6	436.9	433.0	507.1	472.0
16	263.4	258.7	225.6	271.4	235.7	265.3	273.4	229.0	259.9	222.1
17	407.2	415.3	412.5	393.3	401.0	424.6	426.9	426.7	422.5	424.4
18	409.0	423.2	417.5	422.9	396.7	437.8	440.6	440.3	434.9	437.4
19	474.6	467.6	458.2	478.3	458.6	455.0	452.8	447.6	458.1	449.5
20	511.6	495.1	506.6	478.3	529.0	473.2	469.9	474.5	477.9	478.5
21	425.2	422.1	425.6	428.6	428.8	414.0	412.2	415.5	416.3	417.6
22	440.0	436.4	440.4	444.0	444.2	427.0	425.0	428.8	429.7	431.1

图 3-8 应力存储示意图(单位:MPa)

3.1.2.3 疲劳统计程序模块的编制

采用量程计数法进行半循环的疲劳统计,以存储的 550 个工况下每个主索网单元的应力数据为基础,根据差值原理,对 341 万个轨迹点依次插值,得到主动工作抛物面变位到每个轨迹点位置下索网拉索的应力分布,从而统计出不同应力幅下的疲劳次数。编制疲劳统计程序模块有以下两个问题必须解决:

(1) FAST 主索网约有 7 000 根拉索,341 万个主动工作抛物面变位,如果把所有的拉索应力值都存储下,其存储量是极其惊人的,并且也不利于后期的数据处理。

考虑到这点,我们首先依次推导轨迹点的应力数据,并计算每根拉索的应力变化值,当拉索的应力变化值达到一个量程(即半个应力循环)时,累加到相应应力幅范围下的疲劳次数,并且删除之前的轨迹点及其应力数据,开始下一个轨迹点的计算和疲劳统计,直到统计到最后一个轨迹点。这样处理虽然不能得到完整的应力值-时间曲线,但是却避免了大量数据的存储,每次存储下的只是一个量程的数据,而且能够有效地实现疲劳统计。

(2) 采用插值原理时,将如何选择插值点进行插值以保证每个轨迹点下应力数据的可靠性。

考虑到 FAST 索网是由三角形网格组成的(图 3-6),对比了两种插值方案:①三点插值,通过计算依次找到每个轨迹点对应的三个最近特征点,以距离大小进行插值,得到对应轨迹点下的索网应力数据;②一点插值,通过计算找到每个轨迹点最近特征点,直接提取该特征点对应的索网应力数据赋予该轨迹点。经过试算发现,两种计算方法的最大误差小于 5%,这主要是由于特征点即为三角形的节点,相邻三个特征点之间的距离为 10~12 m,而 FAST 的工作抛物面为 300 m 跨度,使得相邻三个特征点的变形差距较小,索网的应力数据变化也较小。所以综合考虑到计算时间与效率的问题,最终选择一点插值的方法。

疲劳统计流程图如图 3-9 所示(N 为轨迹点总数):

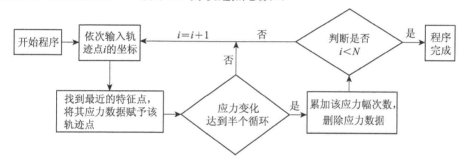

图 3-9　程序模块流程图

3.1.3　FAST 索网疲劳统计的数据分析

根据轨迹点序列,得到主索网的应力矩阵并计算各索的应力变化幅值及次数。FAST 的天文观测按照 30 年进行,但是受到计算时间的限制,这里统计出两个六年内(共十二年)FAST 索网拉索在不同应力幅下的疲劳次数(半循环次数)。应力幅范围分别为 300~350 MPa、350~400 MPa、400~425 MPa、425~450 MPa、450~475 MPa、475~500 MPa 和 500~525 MPa 等,如图 3-10~图 3-23 所示。

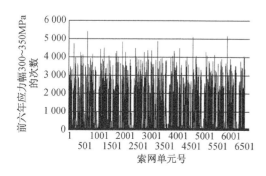

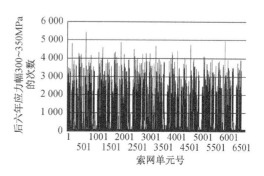

图 3-10　前六年应力幅 300~350 MPa 的次数　　图 3-11　后六年应力幅 300~350 MPa 的次数

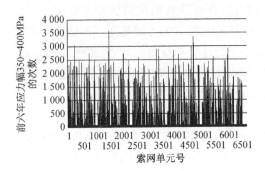

图 3-12　前六年应力幅 350～400 MPa 的次数

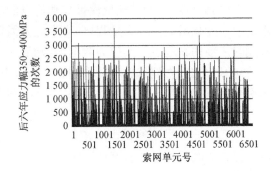

图 3-13　后六年应力幅 350～400 MPa 的次数

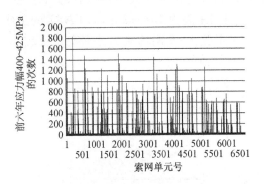

图 3-14　前六年应力幅 400～425 MPa 的次数

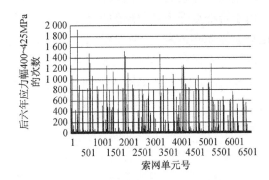

图 3-15　后六年应力幅 400～425 MPa 的次数

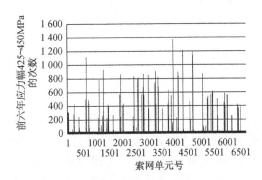

图 3-16　前六年应力幅 425～450 MPa 的次数

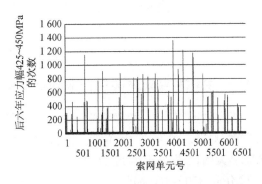

图 3-17　后六年应力幅 425～450 MPa 的次数

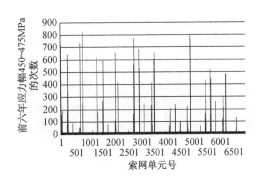

图 3-18　前六年应力幅 450～475 MPa 的次数

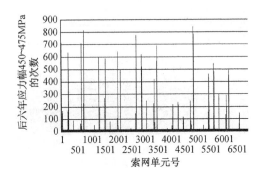

图 3-19 后六年应力幅 450～475 MPa 的次数

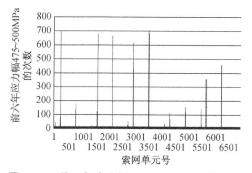

图 3-20　前六年应力幅 475～500 MPa 的次数

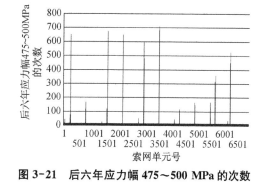

图 3-21　后六年应力幅 475～500 MPa 的次数

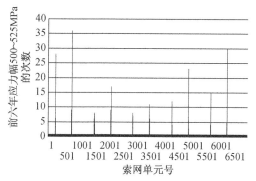

图 3-22　前六年应力幅 500～525 MPa 的次数

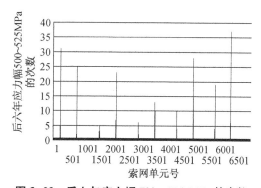

图 3-23　后六年应力幅 500～525 MPa 的次数

对前后六年疲劳统计的数据进行对比,如表 3-1 所示。

表 3-1　前后六年不同应力幅下疲劳次数对比表

应力幅范围（MPa）	前六年		后六年		最大值间差值	两组数据相关系数 r
	最大次数 N_1	对应索网单元号	最大次数 N_2	对应索网单元号		
300～350	5 407	699	5 426	699	19	0.999 5
350～400	3 582	1 602	3 643	1 602	61	0.999 3
400～425	1 824	265	1 917	265	93	0.998 6
425～450	1 369	4 063	1 358	4 063	—11	0.999 0
450～475	828	824	842	4 814	14	0.998 4
475～500	707	3 481	709	3 490	2	0.997 4
500～525	36	824	37	6 129	1	0.956 6
525～550	0	—	0	—	0	—

根据以上前后六年对比(图 3-24)发现,不同应力幅下疲劳次数相差最大 93 次,约为 5%,仔细观察图 3-10～图 3-23,应力幅次数较高的单元号也基本一致,且两组数据的线性相关程度高。由此我们可以由最终统计出来的 15 年的数据,按线性相关的原则推导得出 30 年观测下主索网单元在不同应力幅下的疲劳次数(表 3-2)。图 3-25～图 3-31 显示了在 30 年不同应力幅范围下的拉索疲劳次数云图,应力幅较大的拉索位于索网的五根对称轴上,且靠近中心区域。

表 3-2　30 年不同应力幅下的最大疲劳次数预估表

应力幅范围（MPa）	300～350	350～400	400～425	425～450	450～475	475～500	500～525	525～550
已统计 15 年	13 545	9 002	4 694	3 390	2 060	1 736	83	0
预估 30 年	27 090	18 004	9 388	6 780	4 120	3 472	166	0

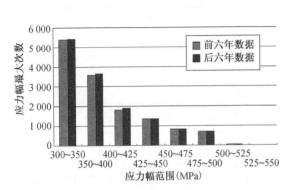

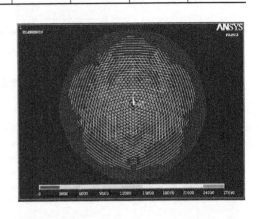

图 3-24　前后六年不同应力幅下的最大疲劳次数对比图　　　图 3-25　30 年应力幅 300～350 MPa 的次数

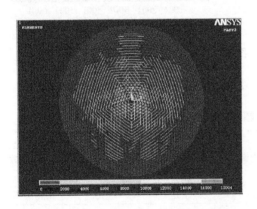

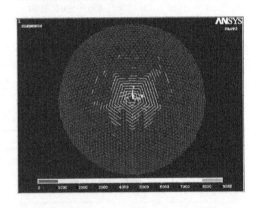

图 3-26　30 年应力幅 350～400 MPa 的次数　　　图 3-27　30 年应力幅 400～425 MPa 的次数

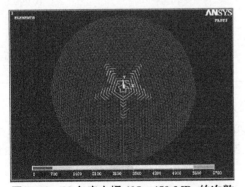

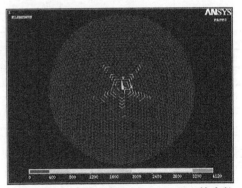

图 3-28　30 年应力幅 425～450 MPa 的次数　　　图 3-29　30 年应力幅 450～475 MPa 的次数

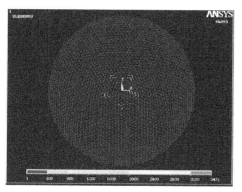

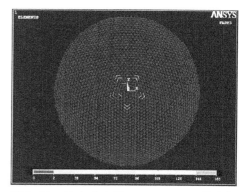

图 3-30　30 年应力幅 475～500 MPa 的次数　　图 3-31　30 年应力幅 500～525 MPa 的次数

为了充分地统计出主索网的疲劳情况,揭示其在低应力幅范围下的疲劳次数,使得疲劳数据更加完整,这里统计了一年内应力幅范围分别为 0～100 MPa、100～200 MPa 和 200～300 MPa 情况下主索网单元的疲劳次数,如图 3-32 所示。再根据前后六年高应力幅疲劳次数统计得到的线性相关原则,推导得出 30 年观测下主索网单元在低应力幅范围下的疲劳次数(表 3-3)。

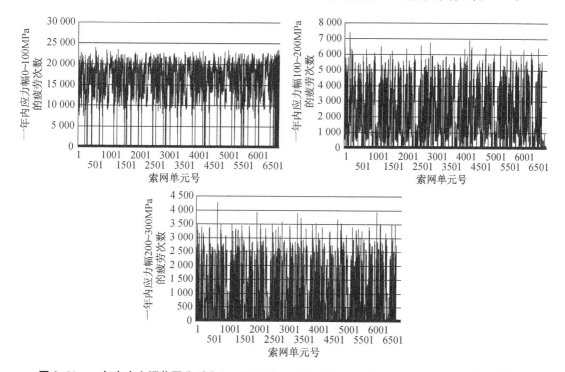

图 3-32　一年内应力幅范围分别为 0～100 MPa、100～200 MPa 和 200～300 MPa 下的疲劳次数

表 3-3　30 年低应力幅范围下的最大疲劳次数预估表

应力幅范围(MPa)	0～100	100～200	200～300
已统计 1 年	23 885	7 375	4 265
预估 30 年	716 550	221 250	127 950

图 3-33 列出了 30 年各应力幅范围下索网拉索的半循环疲劳次数。可见,随应力幅的增加迅速衰减,30 年应力幅 0～100 MPa 的疲劳次数为 716 550 次,应力幅 300～350 MPa 的疲劳次数为 27 090 次,应力幅 500～525 MPa 的疲劳次数为 166 次。30 年应力幅低于 300 MPa 的半循环最大疲劳次数约为 110 万次,高于 300 MPa 的半循环最大疲劳次数约为 7 万次。

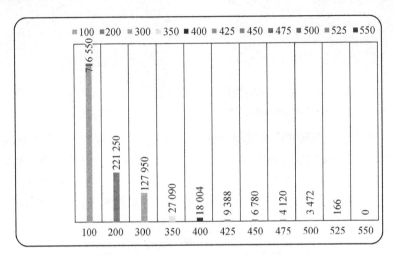

图 3-33　30 年内不同应力范围下疲劳次数统计

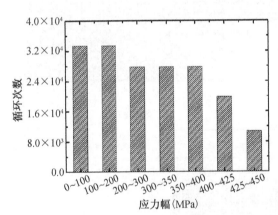

图 3-34　应力幅循环次数统计结果

为了提高疲劳统计结果的准确性,后期利用雨流计数方法,编制了相应程序。利用该算法程序,对全部索网的应力-时间历程曲线进行处理,得到各个主索在不同应力幅下的循环次数。由于应力幅是分散的,本书分区段统计不同应力幅的循环次数。索结构在不同应力幅区段的疲劳次数统计结果如图 3-34 所示[30]。

综合上述分析,望远镜在未来 30 年可能发生 228 715 次观测的情况下,索网将会承受 400～450 MPa 应力幅 3 万余次,承受 300～400 MPa 应力幅 5 万余次,承受 200～300 MPa 应力幅近 3 万次。如果以标准规范的规定值(200 MPa)为依据,超过 200 MPa 的疲劳次数约为 11 万次。如果再考虑 0～200 MPa,总共的疲劳次数约 17 万余次。

3.2　新型钢索设计及超高应力幅疲劳试验研究

根据前面的介绍,FAST 主动反射面整体支承结构是 FAST 工程所研究的四大课题之一,它采用整体索网结构,包括四大部分:背架、面索网、下拉索及周圈钢构。FAST 主动反射面最大的特点是主动工作抛物面变位,即以基准曲面为球面,通过下拉索促动器的控制在

500 m口径内的主索网不同区域形成直径为300 m的工作抛物面,以实现几何光学工作原理。由此可见,FAST主动反射面变位工作实质是一种特殊的、长期的往复疲劳荷载。这就给其主索网拉索带来了疲劳性能的问题。

研究初期预付了FAST在30年的运行期间内,主索网拉索至少有数十万次疲劳应力幅为470 MPa[18]的观测。综合考虑到FAST长时巡天观测和随机独立观测的不确定性,国家天文台FAST主动反射面项目组对主索网拉索提出了应力幅500 MPa条件下无限疲劳寿命($N \geqslant 2 \times 10^6$)的初期要求。文献[19]中,哈尔滨工业大学的研究团队对国内三个厂家提供的钢绞线和钢拉杆试件进行了高应力幅(344~500 MPa)作用下的疲劳性能试验,试验结果表明:钢绞线的疲劳性能优于钢拉杆;12根钢绞线试件的疲劳寿命差异大,仅有两根钢绞线根据Smith疲劳等效应力准则和S-N试验曲线通过疲劳试验。显然,试验结果难以满足FAST工程需要,从而引发了FAST反射面项目组对超高应力幅下拉索疲劳性能的密切关注。同时国内规范对钢索材料的疲劳性能的最高应力幅远远不能满足FAST要求,在国际上也属于罕见。这就使得超高应力幅下拉索疲劳研究成为FAST反射面索网结构能否顺利成功建造和运行的关键因素之一。

前面已完成FAST主动反射面整体支承结构主索网拉索在30年的运行期间内的疲劳分析及统计,采用量程计数法半循环统计得出,30年钢索应力幅低于300 MPa的半循环最大疲劳次数约为110万次,高于300 MPa的半循环最大疲劳次数约为7万次,最大疲劳应力幅约500 MPa,但次数远远低于200万次。由此可见,国家天文台提出的要求高于实际统计值,但是考虑到FAST为国家重大科学工程,最终经过研究还是以应力幅500 MPa条件下无限疲劳寿命($N \geqslant 2 \times 10^6$)为目标,进行新型耐超高应力幅疲劳的钢索设计及试验研究。

3.2.1 超高应力幅耐疲劳钢索的总体试验研究方案

结合FAST主索网对钢索的特殊要求以及初期疲劳试验结果[19]不理想的现状,本书重新审视和探索可行的钢索形式,并根据桥梁工程已经采用具有一定应力幅的各种拉索疲劳试验和实际工程应用状况,在与中国科学院国家天文台FSAT主动反射面研究组充分研讨后,提出新型钢索形式和索头形式,开展新型耐超高应力幅疲劳的钢索试验研究。

试验研究分以下三个步骤:

1) 光面钢绞线和环氧填充钢绞线的高应力幅疲劳试验

(1) 国产高强度镀锌钢丝200万次耐疲劳应力幅已达到410 MPa,而最后的破坏形式是锚具破坏。国外也有大量镀锌钢丝疲劳试验研究,如日本新日铁公司的研究人员曾做过镀锌钢丝的500 MPa应力幅的100万次疲劳试验。

(2) 钢丝表面除了热镀锌和热镀锌铝合金外,现还有一种新型的防护方式——环氧涂层,主要类型有:填充型环氧涂层(图3-35)、涂装型环氧涂层和单丝环氧涂层(图3-36)[20-21]。

根据以上研究资料,优选国内优质光面钢绞线和环氧填充型钢绞线各两根,进行500 MPa应力幅的200万次疲劳试验。分析对比其疲劳性能,为钢丝基材试验奠定基础。

2) 500~650 MPa应力幅下单根钢丝疲劳试验

根据已有钢绞线疲劳性能的试验研究结果,结合FAST超高应力幅要求的现状,从钢索的基材入手,选择优质的新日铁盘条拉拔而成的镀锌钢丝,进行单根钢丝的疲劳试验。从450 MPa应力幅开始逐级递增至650 MPa应力幅,以研究其疲劳性能,待单丝满足要求且结果稳定后,再进行下一步钢索设计。

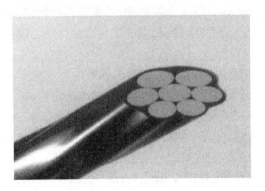
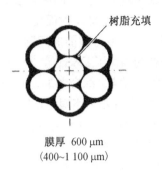

树脂充填

膜厚 600 μm
（400~1 100 μm）

图 3-35　填充型环氧涂层钢绞线

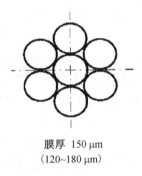

膜厚 150 μm
（120~180 μm）

图 3-36　单丝环氧涂层钢绞线

3）试验钢索组装件试验

根据单根钢丝疲劳性能的试验研究结果，选定合理的钢索基材，依次进行防护、索体结构和成型方式、索头锚具和连接件等理论分析研究，进行新型钢索和索头设计分析，新型钢索组装件设计及组装件的高应力幅疲劳试验，最后通过成品索的疲劳试验和构造、工艺的完善，实现耐超高应力幅疲劳的拉索。

通过以上研究的依次进行，完成基于 FAST 疲劳性能要求的新型钢索试验研究，为进入下一阶段钢索成品定型设计及成品索高应力幅疲劳试验做准备。

3.2.2　基材钢丝的疲劳试验研究

从钢绞线的试验结果发现要研究钢索的耐疲劳性能，必须首先掌握其基材——高强钢丝的耐疲劳性能。高强钢丝的耐疲劳性能将直接影响钢索的耐疲劳性能，并且由于制索工艺及锚固效应等对钢丝表面产生的磨损及附加力，使钢索的耐疲劳性能往往低于单根钢丝。美国后张学会关于斜拉索设计、试验和安装规范规定，单根钢丝疲劳试验应力幅取值要求高于组装件试验应力幅取值约 100 MPa。因此，有必要通过批量钢丝疲劳性能试验，建立超高应力幅下钢丝耐疲劳性能评价指标体系，并基于此选择耐疲劳性能卓越的钢丝产品作为钢索基材，从而解决超高应力幅下耐疲劳钢索的可实现性这一根本问题。

高强度钢丝是通过将高碳钢线材拉拔成光面钢丝，然后再对钢丝进行热镀锌或者涂敷环氧而成，形成抗拉强度达到 1 670 MPa 以上的热镀锌或者环氧涂层钢丝。因此，影响钢丝抗疲劳性能的关键内容有:原材料选取、盘条热处理工艺、钢丝拉拔工艺、钢丝表面涂装(热镀锌和环氧涂敷)方式、盘条及钢丝的包装方式等[22],具体如下:

(1)原材料的选取:选择纯净度更高、夹杂物更少、偏析更少的优质原料、设置合理的化学成分,提高了盘条的原始强度,同时可降低钢丝在热镀锌过程中的强度损失。

(2)尽量优先选取 DLP 盘条(图 3-37),保证了盘条的强度、韧性和成分均匀性,避免了盘条性能的较大离散性。

图 3-37 优质 DLP 盘条

(3)选取合适的拉拔工艺、热镀锌工艺和环氧涂敷工艺,优先选择环氧涂层防护。

(4)选取合适的盘条和钢丝包装方式,避免钢丝表面在运输中产生缺陷。

考虑到现在是处于初步试验探索阶段,且环氧涂层钢丝较少,还是选用了由 DLP 盘条拉拔成的镀锌钢丝进行疲劳试验。

1)试验设备及状况

试验在江阴法尔胜集团钢丝绳国家检测中心试验机上进行(图 3-38)。试验选取了 16 根(表 3-4)由 DLP 盘条拉拔成的镀锌钢丝试件(强度级别 $\sigma_b = 1\,770$ MPa)。

图 3-38 试验仪器及控制图

表 3-4 试验状况表

试件长度(m)	试验载荷(kN)	试验频率(Hz)	应力幅(MPa)	试件根数
0.5	6.76~17.04	81.3	450	3
0.5	5.59~17.04	81.3	500	3
0.5	5.13~17.04	81.3	520	3
0.5	4.44~17.04	81.3	550	3
0.5	3.30~17.04	81.3	600	3
0.5	2.15~17.04	81.3	650	1

2）试验结果

本次试验所有 16 根钢丝试件（强度级别 $\sigma_b = 1\ 770$ MPa），通过了应力幅分别为 450 MPa、500 MPa、520 MPa、550 MPa、600 MPa 的 200 万次疲劳试验（各 3 根）及 1 根 650 MPa 的 250 万次疲劳试验。

3）试验结论

根据本阶段单根镀锌钢丝的不同应力幅试验发现，采用了优质的 DLP 盘条拉拔成的钢丝最高能满足 650 MPa 的 250 万次疲劳试验，且在各阶段应力幅下的疲劳性能较稳定，同时依据美国后张学会的理论：单根钢丝疲劳试验应力幅取值要求高于组装件试验应力幅取值约 100 MPa，理论上此基材组成的钢索能够满足 550 MPa 的 200 万次疲劳性能，从而达到 FAST 索网钢索的超高应力幅要求。由此确定采用 DLP 盘条拉拔成的钢丝为基材，组装设计新型钢索，进行下一步的新型钢索设计及试验。

3.2.3 现有钢绞线的疲劳试验研究

钢绞线是由多根钢丝绞合而成的，钢丝表面需要采取防护措施。国产钢丝主要有热镀锌、热镀锌铝合金和环氧涂层三种防护方式。它们的不同点在于环氧涂层钢绞线是在钢丝表面采用环氧涂层工艺，使其达到与镀锌相同的防腐蚀效果。

从之前的研究上看，热镀锌和热镀锌铝合金工艺对钢丝表面采用了热处理的方式，促动了钢丝裂纹的萌生，在裂纹处产生应力集中，随着时间和荷载的增加，磨损深度加深，最后导致疲劳破坏。可见，热镀锌和热镀锌铝合金会降低疲劳强度。而填充型环氧涂层钢绞线是通过静电喷涂方式，将热固性环氧树脂粉末喷涂到钢绞线表面及其内部缝隙内并熔融黏结，使钢绞线形成密封整体，从而完全避免外部腐蚀介质对钢绞线金属本体的腐蚀。针对填充型环氧涂层钢绞线，已有疲劳试验的最不利工况为：11ϕ^s15.24 mm，专用夹片锚，应力上限为 0.65σ_b，应力幅为 130 MPa 的 200 万次疲劳加载；继续疲劳试验，载荷上限为 0.45σ_b，应力幅为 280 MPa 的 200 万次疲劳加载；最后进行静载试验。试验结果：①经 400 万次疲劳加载，试验索无断丝，两端锚具正常，钢绞线的环氧涂层完好；②静载锚固效率系数达 96.8%。

为了充分对比两种钢绞线的超高应力幅疲劳性能，这里优选国内优质光面钢绞线和环氧填充型钢绞线，分别进行 500 MPa 应力幅的 200 万次疲劳试验。

1）试验设备及状况

试验在江苏科技大学工程检测中心进行，采用 MTS 结构试验系统（图 3-39 和表 3-5）。试件为两根环氧填充钢绞线（强度级别 $\sigma_b = 1\ 860$ MPa）和两根光面钢绞线（强度级别$\sigma_b = 1\ 860$ MPa）。试验的顺序安排：

（1）一根环氧填充钢绞线的疲劳试验。

（2）两根光面钢绞线的疲劳试验。

（3）一根环氧填充钢绞线的疲劳试验。

表 3-5 试验状况表

试件长度（m）	试加载荷（kN）	试验频率（Hz）	应力幅（MPa）	试验波形
1	34.28～104.28	10	500	正弦波

图 3-39　试验仪器及加载图

2）试验结果

（1）第一根为环氧填充钢绞线（强度级别 $\sigma_b = 1\,860$ MPa），经过疲劳试验上限载荷为 104.28 kN（$0.4\,f_{ptk}$）、下限载荷为 34.28 kN、应力幅值为 500 MPa 的 2×10^6 次循环加载疲劳试验后，钢绞线无断丝，满足 FAST 拉索疲劳性能的要求。

（2）第二根为光面钢绞线（强度级别 $\sigma_b = 1\,860$ MPa），经过疲劳试验上限载荷为 104.28 kN（$0.4\,f_{ptk}$）、下限载荷为 34.28 kN、应力幅值为 500 MPa 的 1.28×10^5 次循环加载疲劳试验后，钢绞线出现断丝，未满足 FAST 拉索疲劳性能的要求（图 3-40）。

（3）第三根为光面钢绞线（强度级别 $\sigma_b = 1\,860$ MPa），经过疲劳试验上限载荷为 104.28 kN（$0.4\,f_{ptk}$）、下限载荷为 34.28 kN、应力幅值为 500 MPa 的 1.88×10^5 次循环加载疲劳试验后，钢绞线出现断丝，未满足 FAST 拉索疲劳性能的要求（图 3-40）。

（4）第四根为环氧钢绞线（强度级别 $\sigma_b = 1\,860$ MPa），经过疲劳试验上限载荷为 104.28 kN（$0.4\,f_{ptk}$）、下限载荷为 34.28 kN、应力幅值为 500 MPa 的 1.58×10^5 次循环加载疲劳试验后，钢绞线出现断丝，未满足 FAST 拉索疲劳性能的要求（图 3-41）。

3）试验结论

经过四根钢绞线的试验对比发现，两根光面钢绞线都未能达到 FAST 拉索要求，并且差距较大。而环氧填充钢绞线有一根的疲劳性能满足了其要求，但另一根却只达到了 15 万次，差距太大。

图 3-40　两根光面钢绞线破断图

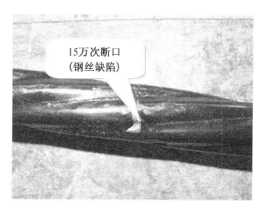

图 3-41　一根环氧填充钢绞线破断图

环氧填充型钢绞线在抗疲劳性能方面是较优于光面钢绞线的,但也很难达到 500 MPa 应力幅的 200 万次的超高要求。

试验效果并不理想,但从中我们可以发现,钢绞线的钢丝具有很大的离散性,这就极大地影响了整束钢绞线的疲劳性能。要控制其离散性并且实现如此超高的应力幅,就必须从基材入手,优选优质的钢丝盘条,拉拔成具有稳定均匀疲劳性能的钢丝,只有疲劳性能稳定的钢丝组合成的钢索才有可能达到 FAST 索网对拉索的要求。所以接下来进行单根钢丝的研究及其超高应力幅疲劳试验。

3.2.4　前期新型钢索的设计及组装件试验研究

3.2.4.1　新型钢索的设计

新型钢索的设计结合建筑和桥梁工程中的研究成果[23-29],由基材试验确定了采用 DLP 盘条拉拔成的钢丝基材,但是钢索的疲劳性能还跟以下三个方面密切相关:①防护措施;②索头结构和成型方式;③索头锚具和连接件。

1）防护措施研究

钢丝锈蚀不仅削弱其静力强度,并且对其耐疲劳性能有较大影响。钢丝锈蚀点由于截面削弱及表面锈蚀损伤,在疲劳荷载作用下,该处往往产生应力集中,从而过早地形成疲劳裂缝萌生源,降低了钢丝的疲劳寿命。因此,为保证钢索及结构安全,实际工程中除光面钢丝外,钢丝表面均带有防腐涂层,如镀锌层、高钒镀层、环氧涂层等,以阻止钢丝锈蚀。

但是研究发现,由于防腐涂层与钢丝表层的化学反应作用、防腐涂层与钢丝材质差异以及防腐涂层的加工工艺等因素将明显影响钢丝的整体耐疲劳性能,如热浸镀锌,将使钢丝疲劳强度出现较大的离散性。因此,钢丝采用非金属防护(如环氧涂层),就可以避免镀锌降低钢丝的抗拉强度和疲劳强度及钢丝之间的微动磨损,从而合理解决钢索防腐及保证耐疲劳性能的重点问题。由于是初步试验阶段,钢索还是采用了热浸镀锌的防护措施,以此为基础可对非金属防护下的钢索疲劳性能进行合理的预测。

2）索头结构和成型方式研究

钢索索体结构及成型方式原则上应该以充分发挥单根钢丝的耐疲劳能力为目标。为降低构成钢索的钢丝间的微动磨损,理想的索体结构应为各钢丝互相平行。但由于制作工艺及锚固要求,目前工程中应用的钢索,无论是平行钢丝束还是钢绞线,各钢丝间并不完全平行,总是存在一定的扭绞角度。扭绞角度增大,在拉力作用下,各钢丝间相互挤压力增大,微动磨损明显增大,必将显著降低钢索疲劳寿命;扭绞角度减小,显然相反,制索中的疲劳损失越小,但对拉索耐久性起重要作用的高密度聚乙烯护套在盘卷中越容易开裂,同时带来了钢索弹性模量偏高的问题。

因此,本研究将选用扭绞角度为 2°~4° 的预制半平行钢丝束索进行抗疲劳性能和盘卷试验研究,以选取合适的扭绞角度,既能满足拉索的抗疲劳性能要求,又能满足盘卷运输要求。本次试验钢索采用半平行钢丝束索,适当减小扭绞角度(设计中取为 2°),减小了钢丝间的挤压力。

3）索头锚具和连接件研究

钢索索头的锚固对钢索的疲劳寿命有着显著影响,若锚固设计不当,在疲劳荷载作用下,往往在锚具和钢丝接触处,由于锚固产生的附加力及对钢丝表面初始损伤的影响,将过早地产生疲劳裂缝,严重降低钢丝的疲劳寿命。因此,有必要基于超高应力幅下钢索索头锚固性能试验及理论分析,掌握其锚固机理,并配套研制索头锚固装置,采用机械式锚固与黏结式锚固结合的研究策略,在索体与索头的过渡段采用黏结式锚固,在索头部位采用机械式锚固,从而解决了实现超高应力幅下耐疲劳钢索的实际应用的关键问题。

根据 FAST 主动反射面索网结构连接节点形式,为便于拉索索头与节点连接,宜采用叉耳式连接件,即拉索索头通过耳板和销轴与节点连接,这样传力明确、构造简单、外观简洁。

FAST 主动反射面主索网的索段长度较短(10～12 m),索头尺寸对拉索整体刚度的刚化作用不可忽视。传统叉耳式连接索头(图 3-42(a))的尺寸长,增加了整体拉索的实际刚度。在FAST 反射面主动变位工作中,在相同索体规格和拉索长度下,增大了连接索头尺寸,就增大了拉索实际刚度,也就增大了拉索应力和应力幅,显然索头尺寸过大是不利于索网抗疲劳性能的,因此必须进行索头紧凑化设计,减少索头尺寸,拟采用索头连接方案,见图 3-42(b)所示。

(a) 传统叉耳式连接索头　　　　(b) 研发的新型叉耳式连接索头

图 3-42　索头示意图

根据以上研究,新型钢索索头锚具采用热铸锚与冷铸锚结合的方式,在索体与索头的过渡段(约 50 mm)采用热铸锚,在索头部位采用冷铸锚。索头选用的材料为 42CrMo 钢材。由于在试验中为了便于索头跟 MTS 疲劳试验机的连接,采用了内螺牙式连接。索头锚具设计如图 3-43 所示。

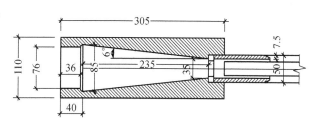

图 3-43　索头锚具设计图(单位:mm)

采用有限元软件 ANSYS 进行索头应力分析(图 3-44 和图 3-45),可以看出索头在疲劳加载过程中,应力幅为 54～165 MPa,在拉索破断荷载下索头应力为 412 MPa。均能够满足材料的强度要求。

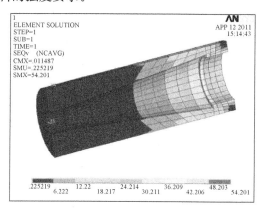
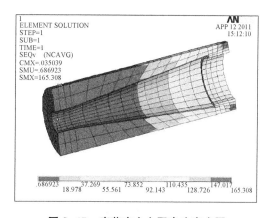

图 3-44　疲劳应力下限索头应力图　　**图 3-45　疲劳应力上限索头应力图**

最终设计的新型钢索是由 19 根镀锌钢丝(强度级别 σ_b=1 860 MPa,ϕ5.4 mm,DLP 盘条)组成的半平行钢丝束(扭角 2°)。受到疲劳机高度的限制,试验设计的拉索中间索段长度 1 500 mm,两头锚具长度均为 305 mm,所以整个钢索的长度为 2 110 mm(图 3-46)。

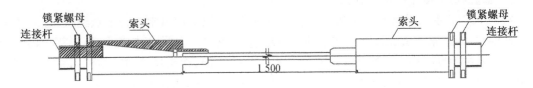

图 3-46　新型钢索设计图

3.2.4.2　组装件试验

组装件试验包括三个部分:①试验安装及控制;②弹模测定;③疲劳加载。

1) 试验安装及控制

根据 FAST 索网钢索的疲劳性能要求,对新型钢索组装件进行 500 MPa 的 200 万次的疲劳加载试验。根据计算应力幅上限取 0.45σ_b 即 744 MPa,下限则为 244 MPa,拉索索体截面面积 A 为 435 mm²,所以对拉索施加 106.1~323.6 kN 的荷载,根据这一要求,采用 100T 的 MTS 疲劳试验机。加载如图 3-47 和图 3-48 所示:

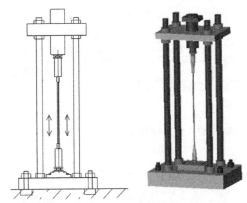

图 3-47　新型钢索疲劳试验加载示意图

图 3-48　新型钢索疲劳试验加载实体

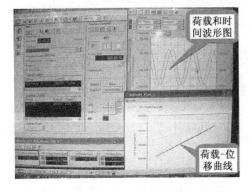

图 3-49　试验加载的电脑控制画面

MTS 试验系统由加载系统、控制器、测量系统等部分组成。加载系统包括液压源、载荷框架、作动器、伺服阀、三轴试验系统及孔隙水压试验系统等;测量系统由机架力与位移传感器、测力传感器、引伸计、三轴室压力及位移传感器、孔隙水压力和位移等多种传感器组成;控制部分由反馈控制系统、数据采集器、计算机等控制软硬件组成,其中程序控制包括函数发生器、反馈信号发生器、数据采集、油泵控制和伺服阀控制等。MTS 试验系统具有优异的手动及程序控制功能,可以通过站管理器软件设计不同的试验手段及加载方式,其每个内置的传感器均可以用作控制方式。

本次试验采用的是力控制的方式,根据反馈力值不断调整荷载值,使其位于 106.1～323.6 kN,从而保证疲劳试验的精度。其电脑控制画面如图 3-49 所示。

2）弹模测定

疲劳试验加载前先对钢索进行弹模测定。根据疲劳荷载值,分级张拉索,每级 400 N,逐级从 0 kN 张拉至 100 kN,得出拉索组装件的荷载-位移曲线(图 3-50)。在这个过程中先预拉两次,闭紧上下两端的锁紧螺母及下端的螺栓。

根据数据模拟出荷载-位移曲线,估算出弹模 $E=1.93×10^5$ MPa(这里忽略索头的变形,取索段的长度为两端各深入索头 150 mm,则总长 1 800 mm)。由此可见新型钢索的弹模在合理的范围内,可以进行正式的疲劳试验加载。

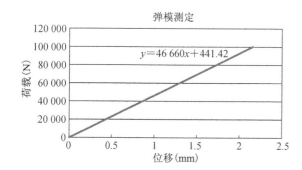

图 3-50 测定弹模的荷载-位移曲线图

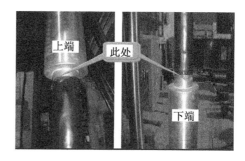

图 3-51 试验终止索头情况

3）疲劳加载

通过 MTS 疲劳试验机对新型钢索施加疲劳荷载,控制加载频率为 3 Hz。试验现象:

加载到约 33 万次时,荷载-位移曲线发生两次连续的突变,第一次突变时没有听到声响,第二次突变时听到声响。加载到约 38 万次时,荷载-位移曲线发生第三次突变,同时听到声响。

试验在进行到约 98 万次时,上端索头的温度较高,考虑到频率的影响,把加载频率调整为 2 Hz继续加载。

试验进行到约 110 万次时,拉索变形加大,超过了疲劳机限定的值,且在这之前听到较大响声,至此疲劳试验终止,此时索头套筒部位温度较高,并且有胶体流出(图 3-51)。试验共进行了 108 h。

3.2.4.3 钢索解剖分析

疲劳试验进行到 110 万次后终止,并未达到 200 万次的最终目的,为了判断钢索的断丝情况及详细的内部状况,从而分析研究并深入优化钢索设计,必须对钢索进行解剖。分为两个部分:①索段解剖;②索头解剖。

(1)索段解剖(图 3-52～图 3-55),把钢索切割分为三部分,两端索头及中间索段。解剖索段发现,19 根钢丝有一根断丝,断口周边有纵向裂纹。同时仔细观察钢丝表面,有较严重的磨损,尤其以内部钢丝最为严重。索头部分的截面较完整,没有钢丝掉落,需要进一步的索头解剖。

图 3-52　钢索切割图

图 3-53　索头图

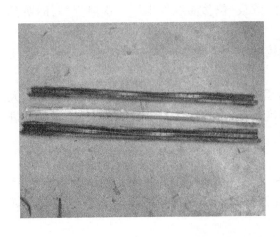
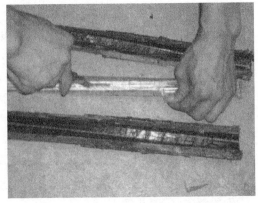

图 3-54　索段解剖图

（2）索头解剖（图 3-56 及图 3-57），可见钢丝在索头部分并没有发生断丝，其状况良好。

图 3-55　钢丝断口图

图 3-56　索头铸体两端切开图

图 3-57　连接筒内钢索解剖分离图

3.2.4.4　新型钢索试验结论

这里只进行了一根新型钢索的疲劳试验,虽然不够完整系统,但也能初步反映此种设计的优缺点。

(1)新型钢索的疲劳性能达到了 500 MPa 的 110 万次全循环疲劳加载,虽然没有达到 200 万次的超高要求,但是能够满足第 4 章的疲劳分析结果(钢索应力幅低于 300 MPa 的半循环最大疲劳次数约为 110 万次,高于 300 MPa 的半循环最大疲劳次数约为 7 万次)。新型钢索具有其可行性。

（2）疲劳试验进行到最后时，索头套筒部位产生了较高的温度，有部分胶体流出，这是由于 3 Hz 的加载频率过快，内部摩擦升温，达到一定温度胶体溶化。而实际 FAST 在进行天文观测时的荷载频率将远远低于此值，所以不会产生这个问题。

（3）钢索索段有一根断丝，索头内没有。此断开周边有纵向裂纹，主要有两种可能：①此处钢丝存在初始缺陷，在疲劳加载的初始阶段已经破坏，符合 33 万次时听到了声响；②疲劳破坏，在疲劳加载的最后阶段破坏，之前的声响为索头内部铸体的剪切破坏产生。必须要进行更深入的断口分析。

（4）内部钢丝表面磨损较为严重，是以往疲劳试验从未出现过的，说明在如此高应力幅下，钢丝之间的摩擦较大，考虑采用环氧涂层钢丝来减少摩擦。

（5）只有一根钢丝断丝，钢索却出现了较大变形，无法继续加载。经过研究讨论这主要是由于索头内铸体发生了较大的剪切破坏，从而导致钢索产生较大的位移。

3.2.5 后期单根钢绞线疲劳实验研究及钢索的设计[30]

在前期结果的基础上，中国科学院国家天文台和柳州欧维姆机械股份有限公司又对新型钢索进行了进一步的研究。

3.2.5.1 单根钢绞线疲劳实验

由于常用的钢绞线按涂层类型可大致分为光面钢绞线、镀锌钢绞线、环氧填充式钢绞线、环氧涂层钢绞线，为了能探索最优的选择，对上述几种钢绞线进了单根钢绞线疲劳实验。

实验在江苏科技大学工程检测中心的 50T MTS 液压实验机上进行。实验应力幅设置为 550 MPa，上限应力为 744 MPa，加载频率为 10 Hz，样品两端采用夹片锚夹持固定。样品长度为 1 m，可有效避免锚固端的锚固效应。这里 50 MPa 的余量，是为了考虑多股钢绞线不均匀受力及群锚效应的影响。实验数据及结果如表 3-6 所示。

表 3-6 单根钢绞线实验数据汇总

钢绞线规格	载荷(kN)	应力幅(MPa)	加载次数
光面	27.28～104.28	550	30 万
光面	27.28～104.28	550	28.8 万
光面	27.28～104.28	550	20.7 万
光面	27.28～104.28	550	28 万
光面	27.28～104.28	550	15 万
镀锌	27.28～104.28	550	55.8 万
镀锌	27.28～104.28	550	50.8 万
环氧填充	27.28～104.28	550	27 万
环氧填充	27.28～104.28	550	17 万
环氧涂层	27.28～104.29	550	200 万
环氧涂层	27.28～104.29	550	200 万
环氧涂层	27.28～104.29	550	200 万

实验结果表明，涂层工艺对钢绞线疲劳性能的影响非常显著。光面钢绞线和环氧填充式

钢绞线的疲劳性能相差无几,基本在 30 万次以内发生破坏。环氧填充式钢绞线虽然利用环氧材料填充了钢丝之间的缝隙,但钢丝之间依然直接接触,并未改善钢绞线在疲劳加载条件下单丝之间的接触受力状态,故其疲劳性能无明显改善。

相对意外的是,镀锌钢绞线的疲劳性能要优于普通钢绞线。镀锌工艺过程会在钢绞线的表面形成一层锌铁合金,会减小钢丝的静载强度,故镀锌钢绞线在业内一般都会降级使用。但本书的疲劳实验结果却恰恰相反,镀锌后钢绞线的疲劳寿命可提高到 50 万次左右。分析原因,可能镀锌层使钢丝表面软化,改善了钢丝之间接触的应力集中问题,使接触应力的分布更趋于平均。同时镀锌层的磨损也需要一个过程,从而增加了钢绞线的疲劳寿命。从破断的钢绞线取出单根钢丝,可见其表面的磨损现象非常明显,见图 3-58 所示。

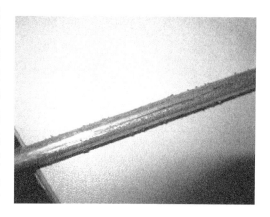

图 3-58　破坏钢绞线中镀锌钢丝的滑痕情况

相比之下,环氧涂层钢绞线可以通过 200 万次以上的疲劳加载。这主要是环氧涂层能较好地隔离单丝之间的接触,其耐磨性能更优于镀锌层,且不会降低钢丝强度,故能有效缓解摩擦腐蚀效应,进而有效地提高钢绞线的疲劳性能。

3.2.5.2　整索结构

虽然单股钢绞线通过了疲劳实验验证,且预留 50 MPa 的裕度,但整索结构的研制工作仍然面临挑战,尤其是锚固技术的研制。

对传统挤压锚固技术采取了改进措施:在索体与锚具之间添加一层缓冲材料,缓解挤压过程对索体的损伤,再以内挤压形式锚固。整索结构加工完成后,进行80%极限载荷的预张拉,保证钢丝之间受力的均匀性。

基于上述工艺,制作了 $3\times\phi15.2$ 和 $6\times\phi15.2$ 两种规格的成品钢索结构,其有效截面积分别为 420 mm² 和 840 mm²(参照 FAST 用索截面选择)。两种规格各制作 3 根,实验分别在铁道部产品质量监督检验中心和中铁大桥局集团武汉桥梁科学研究院实验室进行。

根据规范要求,钢索自由段长度为 3 m。实验加载频率为 3 Hz,疲劳应力幅设置为 500 MPa,上限应力设置为 744 MPa。所有 6 根成品索结构在 500 MPa应力幅下,稳定地通过 200 万次疲劳性能实验。实验图片见图 3-59 所示,实验数据见表 3-7 所示。

图 3-59　整索结构疲劳实验图片

表 3-7　整索结构实验数据

规格	应力幅	疲劳次数	实验地点
3×φ15.2	500 MPa	200 万次	铁道部产品质量监督检验中心
3×φ15.2	500 MPa	200 万次	
3×φ15.2	500 MPa	200 万次	
6×φ15.2	500 MPa	200 万次	中铁大桥局集团
6×φ15.2	500 MPa	200 万次	
6×φ15.2	500 MPa	200 万次	

3.3　小结

本章主要研究了 30 年天文观测时间内主动反射面索网拉索的半循环疲劳次数。主动变位实质上是一种特殊的、长期的往复疲劳荷载。根据理论上的推导,30 年内 FAST 索网将进行 341 万次的主动变位,计算统计量庞大,但通过系统的研究及方案的不断对比优化,最终实现了完整的疲劳数据统计。

(1) 确定了 FAST 疲劳统计的计数方法。对比了峰值计数法、穿级计数法、量程计数法以及雨流计数法在 FAST 工程利用中的适用性和优缺点。利用实例着重分析了量程计数法和雨流计数法在疲劳统计上的异同点,综合考虑了计算时间效率、结果的准确性及 FAST 索网拉索应力本身的特点,最终确定了量程计数法作为 FAST 疲劳统计的方法。

(2) 采用有限元软件 ANSYS 及其二次开发的程序模块进行疲劳统计,分三个步骤进行:①根据工作抛物面中心点的天文观测移动生成轨迹线;②在变形区域中,选择特征点进行主动工作抛物面变位计算并存储;③以量程计数法编制疲劳数据的统计程序模块,统计出 FAST 索网拉索不同应力幅下的疲劳次数。

(3) 根据前后六年 FAST 索网拉索疲劳次数分析,证明了两组数据的高线性相关性,推导出 FAST 在 30 年天文观测内,应力幅低于 300 MPa 的半循环最大疲劳次数约为 110 万次,高于 300 MPa 的半循环最大疲劳次数约为 7 万次。并在图中直观地显示了索网拉索在不同应力幅下的疲劳情况,为第 5 章钢索的疲劳试验研究提供了理论基础。

(4) 以 FAST 面索网拉索在 30 年的运行期间内的疲劳分析及统计为基础,同时考虑其为国家重大科学工程,以国家天文台 FAST 主动反射面项目组提出的应力幅 500 MPa 条件下无限疲劳寿命($N \geqslant 2 \times 10^6$)为目标,进行新型耐超高应力幅疲劳的钢索设计及试验研究。

(5) 影响钢索疲劳性能的主要要素包括:基材钢丝的疲劳性能和匀质性,防护、索体结构和扭绞、索头锚具和构造等。为了达到 FAST 疲劳性能要求,新型钢索试验研究依次从三个方面展开:①现有钢绞线的疲劳试验研究;②基材钢丝的疲劳试验研究;③新型钢索组装件的疲劳试验研究。钢绞线的疲劳试验研究,进行了四根钢绞线的试验对比,两根光面钢绞线都未能达到 FAST 拉索要求,并且离散性较大。而环氧填充钢绞线有一根的疲劳性能满足了其要求,但另一根却只达到了 15 万次,离散性太大。试验效果并不理想,钢绞线的钢丝具有很大的离散性,极大地影响了整束钢绞线的疲劳性能。确定了第二步必须从基材入手的研究方向。在对优质 DLP 盘条拉拔成的钢丝进行基材的疲劳试验时,从 450 MPa 应力幅开始逐级递增至 650 MPa 应力幅,发现钢丝疲劳性能够满足要求且结果稳定,确定了第三步新型钢索设计及试验的研究方向。

(6) 前期新型钢索的设计从以下三个方面进行:①防护措施;②索头结构和成型方式;③索头锚具和连接件。确定了以冷铸锚与热铸锚结合的索头形式及尺寸,并控制钢丝束扭角为 2°,完成了新型钢索组装件的完整设计。新型钢索的疲劳试验结果达到了 110 万次,虽然没有达到 200 万次的超高要求,但是能够满足第 4 章的疲劳统计结果。其具有可行性,但是还需要进一步深入优化设计,如防护措施的选择以及索头尺寸的优化调整。

(7) 后期利用实验方法,验证该钢索结构可以在 500 MPa 应力幅下通过 200 万次疲劳加载,其疲劳性能约为目前相关标准规范规定值的两倍。研制出的高疲劳性能钢索结构,可以满足 FAST 工程索网结构的相关技术要求,可供其建设使用。

4 FAST 反射面索网支承结构性能优化与分析

4.1 基于初始基准态的正高斯曲率索网形控结构设计方法[12]

4.1.1 技术方案

拉索一般仅具有抗拉刚度,不具备抗压和抗弯刚度,因此由拉索构成的索网结构需要通过张拉等方式引入初始预张力,预先储备足够的预拉应力,以保证工作使用中拉索始终处于受拉状态。FAST 索网支承结构为具有正高斯曲率的面索网,无法形成预张力自平衡的结构。而在面索网的外侧设置下拉索后,面索网和下拉索可构成预张力自平衡的正高斯曲率索网结构。另外,在工作使用中可通过促动器或千斤顶等设备调控下拉索的长度,促使面索网形成不同的曲面,以实现正高斯曲率索网形控结构。

在工作使用中,载控结构是在荷载(如自重、温变、风载和雪载等)作用下被动发生位形变化而达到新的平衡状态。而形控结构为满足工作时的特定位形,不仅要承受荷载作用,还要在调控机构的作用下主动变位至预设的目标位形并引起内力变化。因此,形控结构的内力变化来自于两方面:荷载变化和主动变位。

形控结构的基准态为预备工作前的初始形态,而工作态为发生主动变位的工作状态。两者的位形都是预定的工作条件,因此主动变位引起的材料应变也是预定的,而应力和内力的变化则还与材料的弹性模量和构件的截面特性相关。

借鉴常规载控结构的设计方法,进行正高斯曲率索网形控结构设计的基本思路为:

(1)设定已知条件,包括:索网的几何拓扑关系、拉索材料特性、荷载条件、边界约束条件、基准态和工作态的结构位形条件、拉索的容许应变和调控机构的容许载荷、拉索备选规格等。

(2)初设拉索的规格和初始预张力。

(3)工况分析,包括初始基准态和多个工作态。

(4)拉索和调控机构的承载力验算。

(5)若承载力不满足要求,则调整拉索的截面规格和初始预张力。

(6)重复步骤(3)至(5),直至迭代满足收敛标准。

采用常规载控结构的设计思路进行索网形控结构的设计,着重于工况分析,尽管思路简单,但由于形控结构的工作态工况过多,导致设计效率低,未能充分体现形控结构的工作特点。对索网形控结构的功能特点进行进一步研究,从而提出了基于初始基准态的正高斯曲率索网形控结构设计方法。

正高斯曲率索网形控结构包括面索网和下拉索,通过主动调控下拉索的长度,实现面索网曲面主动变位至不同的工作态位形。根据功能要求,索网形控结构的基准态和工作态的位形是确定的,因此从基准态主动变位至工作态产生的形变也是确定的,即主动变位产生的应变是定值,与材料的力学特性、构件的截面特性以及外载荷无关。在主动变位工作中,索网还会遇到温变、风载和雪载等荷载变化。当遇到大风或大雪等恶劣荷载条件时,索网形控结构应停止主动变位工作,但在一定的允许温差范围内应能正常主动变位工作,因此主动变位工作中产生的应变包括了应力应变增量和温度应变。当温变载荷和材料线膨胀系数一定时,拉索中的温度应变也是定值。因此,通过预先分析基准态和工作态在位形和温度方面的差异,掌握主动变位和温度变化引起的应变,则可基于初始基准态(单个工况)进行索网形控结构设计,而无需进行工作态(多个工况)的反复分析,这显然提高了索网形控结构的设计效率,但增加了初始基准态的分析难度。

基于初始基准态的正高斯曲率索网形控结构设计方法根据正高斯曲率索网形控结构特点:工作时面索总应变等于初始基准态的初应变和工作态的主动变位应变之和,而主动变位应变包括了应力应变增量和温度应变;主动变位应变取决于基准态和工作态之间的位形差异,温度应变取决于工作允许温差和材料线温度膨胀系数,这两者与自重荷载、面索的规格和弹性模量无关;通过预先分析工作使用期间基准态和工作态在位形和温度方面的差异,掌握工作中的主动变位应变和温度应变;在初始基准态,限定较高水平、较窄区间的面索初应变允许范围,设定下拉索初张力;通过找力分析,寻求基于初始基准态位形与下拉索初张力和自重满足静力平衡条件的面索初张力;在面索允许初应变限定下,以减轻自重为原则优化拉索的截面规格。

该方法具体包含以下步骤(流程图见图 4-1 所示):

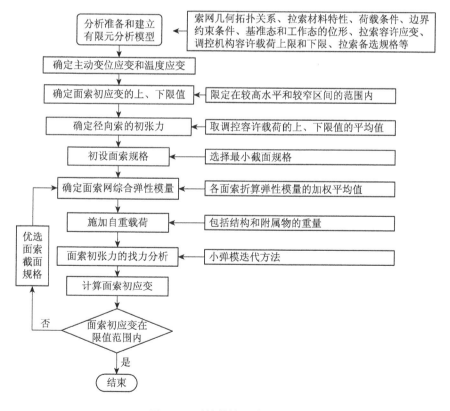

图 4-1　形控结构设计流程图

（1）分析准备和建立有限元分析模型，包括：索网几何拓扑关系、拉索材料特性、荷载条件、边界约束条件、基准态和工作态的结构位形、拉索的容许应变 $[\varepsilon]$、调控机构的容许载荷上限 $[F_{JU}]$ 和下限 $[F_{JL}]$、拉索备选规格等。

（2）确定面索温度应变 ε_T。

（3）确定面索主动变位应变 ε_d。

（4）确定初始基准态的面索初应变的上限 $[\varepsilon_{0U}]$ 和下限 $[\varepsilon_{0L}]$。

（5）确定初始基准态的下拉索初张力 P_J。

（6）初设面索规格，选择最小截面规格。

（7）确定面索网综合弹性模量 E_{m0}。

（8）施加自重载荷，包括索体、索头、连接件和附属物的重量。

（9）面索初张力的找力分析，寻求基于初始基准态的位形，与下拉索初张力和自重满足静力平衡条件的面索初张力。

（10）优选面索截面规格，在面索允许初应变限定下以减轻自重为原则。

（11）重复步骤（7）至（10），直至迭代前后两次面索的总重量之差满足收敛标准。

4.1.2 具体实施方式

基于初始基准态的正高斯曲率索网形控结构设计，主要技术难点为：①如何合理地限定面索初应变范围和设定下拉索初张力；②如何基于初始基准态的位形，寻求与下拉索初张力和自重载荷相平衡的面索初张力；③面索网一般由拉索和连接件通过销轴连接而成，而拉索由索体和索头两部分构成，因此实际结构中拉索的弹性模量受到索体的长度和弹性模量、索头的长度和刚度、连接件尺寸的影响，这如何在线单元分析模型中予以考虑；④如何根据面索的初张力及初应变限定范围，优选拉索截面规格。

主动变位工作时面索总应变等于初始基准态的初应变和工作时的主动变位应变，即：$\varepsilon_a = \varepsilon_0 + \varepsilon_d$。由于在一定的允许温差范围内索网形控结构应能正常主动变位工作，因此主动变位应变包括了应力应变增量和温度应变，即：$\varepsilon_d = \Delta\varepsilon_e + \varepsilon_T$。因此，主动变位工作时面索总应力应变 $\varepsilon_e = \varepsilon_0 + \Delta\varepsilon_e = \varepsilon_0 + \varepsilon_d - \varepsilon_T$。在基准态和某个工作态之间变位时，面索的主动变位应变 ε_d 是定值，这与荷载、面索的规格和弹性模量等无关。在拉索材料的温度膨胀系数一定时，温度应变 ε_T 也仅与温度变化和材料线膨胀系数有关。基于初始基准态的正高斯曲率索网形控结构设计思路为：根据面索的主动变位应变和温度应变及容许应变，确定初始基准态的面索初应变允许范围；根据下拉索调控允许载荷范围，确定初始基准态的下拉索初张力；基于初始基准态的位形，进行面索初张力的找力分析，寻求与下拉索初张力和自重载荷满足静力平衡条件的面索初张力；根据面索的初应变允许范围、初张力及弹性模量，以减轻拉索重量为原则优化面索截面规格。

下面是基于初始基准态的正高斯曲率索网形控结构设计步骤。

1）分析准备和建立有限元分析模型

确定已知条件和建立有限元分析模型，包括：索网几何拓扑关系、拉索材料特性、荷载条件、边界约束条件、基准态和工作态的结构位形、拉索的容许应变 $[\varepsilon]$、调控机构的容许载荷上限 $[F_{JU}]$ 和下限 $[F_{JL}]$、拉索备选规格等。

2）确定温变载荷引起的面索温度应变

温变载荷 ΔT 引起的面索温度应变 ε_T 为：$\varepsilon_T = \Delta T \times \alpha$，其中 α 为拉索线温度膨胀系数。

3）确定主动变位引起的面索应变

根据基准态和工作态之间的位形变化，可通过解析分析或数值分析，确定主动变位引起的面索应变 ε_d 的范围为：$\varepsilon_{dL} \leqslant \varepsilon_d \leqslant \varepsilon_{dU}$。

4）确定初始基准态的面索初应变的上限 $[\varepsilon_{0U}]$ 和下限 $[\varepsilon_{0L}]$

为保证面索在设计条件下弹性工作，面索的应力应变应满足：$0 < \varepsilon_e < [\varepsilon]$，则面索初应变的最大范围为：$-\varepsilon_{dL} + \varepsilon_T < \varepsilon_0 < [\varepsilon] - \varepsilon_{dU} - \varepsilon_T$。在此总体范围内，在留有一定安全储备的前提下，应将面索网的允许初应变限定在较高水平和较窄区间内。将允许初应变限定在较高水平，有利于提高面索应变能储备和索网变位恢复能力，增大下拉拉力的最小值，减轻拉索重量；将允许初应变限定在较窄区间，有利于面索初应力的均匀。

5）确定初始基准态的下拉索初张力

初始基准态的下拉索初张力 P_J 可取其容许载荷的上、下限值的平均值：$P_J = ([F_{JU}] + [F_{JL}])/2$。

6）初设面索规格

选择最小截面规格作为面索的初始规格。

7）确定面索网综合弹性模量

面索网一般由拉索和连接件通过销轴连接而成，而拉索由索体和索头两部分构成。

分析模型中，索网结构常简化为线单元模型，索单元的端点即为连接件中心。而实际结构中的拉索弹性模量应考虑索体的长度和弹性模量、索头的长度和刚度及连接件尺寸。因此，需要将实际拉索的弹性模量折算为分析模型中的索单元的弹性模量。设连接件为刚域，则单根面索的折算弹性模量 E_m 的计算公式为：

$$E_m = \frac{L_s'}{\left(\dfrac{L_{sb}}{E_b A_b} + \dfrac{L_{sh}}{E_h A_h}\right) A_b} = \frac{L_s'}{\left(\dfrac{L_{sb}}{E_b A_b} + \dfrac{L_{sh}^2 \times \rho_h \times g}{E_h G_h}\right) A_b} \tag{4-1}$$

式中，G_h、ρ_h 为索头的重量、密度；g 为重力加速度；A_b 为索体的钢丝截面积；E_b 为索体弹性模量；E_h 为索头弹性模量；L_s、L_{sh}、L_{sb} 为实际拉索长度、索头长度、索体长度，$L_s = L_{sh} + L_{sb} = L_s' - (B_1 + B_2)/2$；$L_s'$ 为分析模型中索单元的长度；B_1、B_2 为拉索两端连接件的销孔中心外包直径。

面索网中每根面索的折算弹性模量都不同。对于大型索网结构，给每根面索设定不同的弹性模量会很繁琐。因此分析模型中面索的弹性模量可简化统一采用综合弹性模量 E_{m0}。面索网综合弹性模量 E_{m0} 取各面索折算弹性模量的加权平均值，计算公式为：

$$E_{m0} = \frac{\sum_{i=1}^{n} E_m^{(i)} \times L_s^{(i)}}{\sum_{i=1}^{n} L_s^{(i)}} \tag{4-2}$$

式中，i 为面网索的第 i 根拉索；n 为面网索的拉索总根数。

8）施加自重载荷

自重包括结构和附属物的重量，其中结构自重包括索体、索头和连接件的重量。连接件和附属物均可以集中力或集中质量的形式施加在节点上。由于每种规格拉索的索体密度、索头重量及对应的连接件尺寸都不同,另外分析模型中索单元长度为节点之间的长度,而实际拉索长度为两端连接件上的销孔中心之间的距离,为精确施加拉索重量,将实际拉索的重量与索单元的重量之间的差值,以节点力的形式均分作用在索端两节点上,计算公式为:

$$
\begin{aligned}
\Delta F_s &= \frac{G_s - G'_s}{2} \\
&= \frac{G_{sh} + L_{sb} \times q_{sb} - G'_s}{2} \\
&= \frac{G_{sh} + (L_s - L_{sh}) \times q_{sb} - G'_s}{2} \\
&= \frac{G_{sh} + \left(L'_s - \frac{B_1 + B_2}{2} - L_{sh}\right) \times q_{sb} - L'_s \times q_s}{2}
\end{aligned}
\tag{4-3}
$$

式中,L'_s、q'_s、G'_s 为分析模型中索单元的长度、线重和总重,$G'_s = L'_s \times q'_s$;q_{sb} 为实际索体线重;G_s、G_{sh}、G_{sb} 为实际拉索重量、索头重量和索体重量,$G_s = G_{sh} + G_{sb}$,$G_{sb} = L_{sb} \times q_{sb}$。

9) 面索初张力的找力分析

寻求基于初始基准态的位形,与下拉索初张力和自重满足静力平衡条件的面索初张力。采用小弹模迭代方法进行找力分析,其分析步骤为:

(1) 虚拟设定主动调控下拉索的弹性模量为小值 E'_J。

(2) 给下拉索赋已确定的初张力,施加自重载荷。

(3) 给面索网赋初张力的迭代初值 $P_M^{(1)} = [\varepsilon_{0U}] \times E_{m0} \times A_b$。

(4) 静力求解,得到面索网的拉力 $F_M^{(k)}$。

(5) 迭代更新面索的初张力,迭代策略为:$P_M^{(k+1)} = F_M^{(k)}$。

(6) 重复步骤(4)和(5)直至达到收敛标准。

10) 优选面索截面规格

面索的初张力等于初应变、弹性模量和截面积的乘积,计算公式为:

$$
P_M = \varepsilon_0 \times E_{m0} \times A_b \Leftrightarrow \varepsilon_0 = \frac{P_M}{A_b \times E_{m0}}
\tag{4-4}
$$

若 $[\varepsilon_{0L}] \leqslant \varepsilon_0 \leqslant [\varepsilon_{0U}]$,则不更新面索规格;若 $\varepsilon_0 > [\varepsilon_{0U}]$ 或 $\varepsilon_0 < [\varepsilon_{0L}]$,则优化面索截面积 $A_b \geqslant P_M/([\varepsilon_{0U}] \times E_{m0})$,从拉索备选规格中选取满足该条件的最小截面规格来更新拉索规格。

11) 重复步骤 7) 至步骤 10)

重复步骤 7) 至步骤 10),直至反复迭代前后两次面索的总重量之差满足收敛标准。

4.1.3 有益效果

根据 FAST 索网支承结构的工作特点,通过预先分析使用期间基准态和工作态在位形和温度方面的差异,掌握主动变位和温度变化引起的应变,限定高水平、窄区间的面索初应变允许范围和设定下拉索初张力,通过找力分析寻求基于初始基准态位形,与下拉索初张力和自重满足静力平衡条件的面索初张力,从而在面索允许初应变限定下以减轻自重为原则优化拉索的截面规格。相对常规载控结构的设计思路,基于初始基准态(单个工况)进行索网形控结构设计,无需进行工作态(多个工况)的反复分析,明显提高了设计效率。设计中,限定初始基准态的面索初应变在较高水平和较窄区间,有利于面索初应力的均匀,提高面索应变能储备和索网变位恢复能力,增大下拉拉力的最小值,减轻拉索重量;统一设定初始基准态的下拉索初张力为调控容许载荷的上、下限的平均值,有利于下拉索初张力的均匀,且调控设备处于较好的运行状态;采用小弹模迭代方法进行面索初张力的找力分析,迭代快速稳定,收敛后的面索初张力与下拉索初张力及自重载荷在初始基准态的位形上是平衡的,因此无需进行初始基准态的找形分析;采用各面索折算弹性模量的加权平均值作为面索网的综合弹性模量,既考虑了实际结构中索体的长度和弹性模量、索头的长度和刚度、连接件尺寸对拉索弹性模量的影响,也避免了大型索网结构给每根面索设定不同弹性模量的繁琐。

4.2 FAST 标准球面基准态索网优化分析

4.2.1 FAST 拉索和连接节点的类型、规格和参数

1) OVM.ST 型高应力幅拉索体系

索网优化选择 OVM.ST 型高应力幅拉索体系,见图 4-2 和图 4-3 所示。

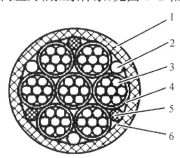

图 4-2 成品索体截面图

1—外层 HDPE;2—镀锌钢丝;3—环氧涂层钢绞线;4—内层 HDPE;5—填充绳;6—高强聚酯带

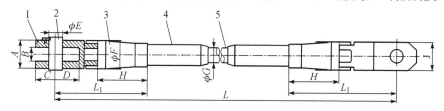

图 4-3 OVM.ST 型高应力幅拉索示意图

1—叉耳;2—铰销;3—锚具;4—密封筒;5—成品索

OVM.ST 型应力幅拉索体系的主要技术性能指标为:

(1) 静载性能达到《预应力筋用锚具、夹具和连接器》(GB/T 14370—2007)的要求:锚具效率系数 $\eta_a \geqslant 0.95$,极限延伸率 $\varepsilon_{apu} \geqslant 2.0\%$。

(2) 疲劳性能达到:上限应力为 $40\% f_{ptk}$、应力幅 500 MPa、循环次数为 100 万次疲劳性能试验,拉索钢绞线无断丝。

(3) 拉索弹性模量:$E = (1.9 \pm 0.1) \times 10^5$ MPa。

(4) 防水性能:疲劳性能试验后将锚具浸入有色溶液中 96 h,没有有色液体进入锚具内部

的钢绞线表面。

（5）钢绞线性能：抗拉强度 $\sigma_b \geqslant 1\,860$ MPa，在上限应力为 $40\% f_{ptk}$ 时疲劳应力幅达到 550 MPa，其他性能不低于《预应力混凝土用钢绞线》（GB/T 5224—2003）的要求。

（6）钢丝性能：抗拉强度 $\sigma_b \geqslant 1\,860$ MPa、在上限应力为 $40\% f_{ptk}$ 时疲劳应力幅达到 550 MPa，其他性能不低于《预应力混凝土用钢丝》（GB/T 5223—2002）的要求。

2）OVM.ST 型高应力幅拉索索网连接节点

索网结构中的连接索由连接节点相互连接而成，每个节点均连接 6 根高应力幅拉索及 1 根下拉索，其形状见图 4-4 所示。

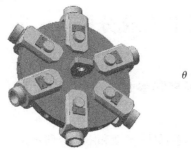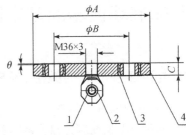

图 4-4　索网连接节点示意图

1—下拉索关节轴承；2—下拉索叉耳；3—索网关节轴承；4—连接法兰

3）OVM.ST 型高应力幅拉索体系及连接节点参数（表 4-1）

表 4-1　OVM.ST 型高应力幅拉索体系及连接节点参数

序号	规格	索体				双索头		连接节点	
		钢丝截面积（cm²）	线重（kg/m）	外径 ϕG（mm）	标准极限拉力（kN）	重量（kg）	长度 $2 \times L_1$（mm）	重量（kg）	销孔心外包直径 ϕB（mm）
1	OVM.ST15-1G	1.018	8	36	260	4.5	—	—	—
2	OVM.ST15-1	1.4	1.37	23	260	10.5	390	—	—
3	OVM.ST15-2	2.8	3.29	44	520	40	640	41	270
4	OVM.ST15-2J3	3.388	3.65	44	629.5	40	640	41	270
5	OVM.ST15-3	4.2	4.52	47	782	52	700	55	290
6	OVM.ST15-3J3	4.788	4.87	47	891.5	52	700	55	290
7	OVM.ST15-4	5.6	5.71	51	1 040	70	800	90	360
8	OVM.ST15-4J3	6.188	6.07	51	1 149.5	70	800	90	360
9	OVM.ST15-5	7	7.29	62	1 300	87	830	115	390
10	OVM.ST15-5J3	7.588	7.75	62	1 409.5	87	830	115	390
11	OVM.ST15-6	8.4	8.29	62	1 560	92	880	132	400
12	OVM.ST15-6J3	8.988	8.75	62	1 669.5	92	880	132	400
13	OVM.ST15-7	9.8	9.29	62	1 820	108	880	172	450
14	OVM.ST15-7J3	10.388	9.75	62	1 929.5	108	880	172	450
15	OVM.ST15-8	11.2	11.22	74	2 080	151	1 020	194	450

序号	规格	索体				双索头		连接节点	
		钢丝截面积（cm²）	线重（kg/m）	外径 ϕG（mm）	标准极限拉力（kN）	重量（kg）	长度 $2\times L_1$（mm）	重量（kg）	销孔心外包直径 ϕB（mm）
16	OVM. ST15-8J3	11.788	11.68	74	2 189.5	151	1 020	194	450
17	OVM. ST15-9	12.6	12.52	80	2 340	185	1 030	253	520
18	OVM. ST15-9J3	13.188	12.99	80	2 449.5	185	1 030	253	520
19	OVM. ST15-10	14	13.52	80	2 600	199	1 120	268	520
20	OVM. ST15-10J3	14.588	13.99	80	2 709.5	199	1 120	268	520
21	OVM. ST15-11	15.4	14.74	81	2 860	212	1 150	307	520
22	OVM. ST15-11J3	15.988	15.2	81	2 969.5	212	1 150	307	520

4.2.2 FAST 索网优化分析模型及参数

1）索网优化分析模型

由于 FAST 为形控结构，周边钢圈梁结构主要对索网边缘影响较大，因此为便于索网优化分析，仅取索网结构为分析模型，暂不考虑钢圈梁的影响，见图 4-5 所示。索网节点铰接，面索边缘节点和下拉索的下节点约束平动位移。

采用通用大型有限元分析软件 ANSYS V12.0，并基于该软件二次开发平台，编制了主动变位、钢构和拉索承载力验算、疲劳分析、加载、找力和优化等系列程序，见图 4-6 所示。

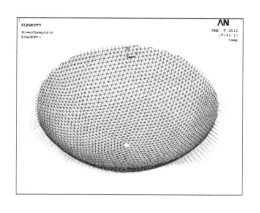

图 4-5 索网优化分析模型

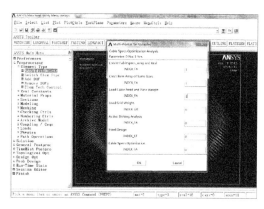

图 4-6 索网优化分析主窗口

2）索网优化分析参数

（1）拉索采用 Link10 只受拉、不受压的索单元类型。

（2）分析中，采用全牛顿-拉斐逊迭代求解，考虑大变形和应力刚化效应。

（3）材料力学参数：

下拉索选用表 4-1 中的 2 号规格（OVM. ST15-1），面索选用表 4-1 中的 3～22 号规格。拉索的截面积按照表 4-1 中的钢丝截面积取值；材料线温度膨胀系数 $\alpha=1.2\times10^{-5}$。

拉索分析弹性模量需要考虑实际拉索长度与模型长度的差异、索头和连接板的刚化效应等。

分析模型中,索网结构简化为线单元模型。设连接件为刚域,索体弹性模量 $E_b = 190$ GPa,索头弹性模量 $E_h = 206$ GPa,索头密度 $\rho_h = 7\ 850$ kg/m³,重力加速度 $g = 9.8$ m/s²,索体、索头和连接件的具体尺寸和重量在此不详细列出。

按照公式(4-1)计算各面索的折算弹性模量,然后按照公式(4-2)计算面索网的综合弹性模量 E_{m0}。

对于下拉索,考虑到规格单一,且大部分下拉索的索长为 4 m,设索头为刚体,忽略连接板,则下拉索的折算弹性模量:$E_x = 4/(4-0.39) \times 190 = 211$(GPa)。

4.2.3 FAST 工作和荷载条件

工程地点:贵州省平塘县克度镇喀斯特洼地。结构设计使用年限为 30 年,结构重要性系数取 1.0。

(1) 自重(G)。自重包括索网结构自重和背架自重。

① 结构自重

结构自重包括索体、索头和连接节点的重量,具体数值见表 4-1 所示。

为精确施加拉索重量,按照公式(4-3)计算实际拉索的重量与索单元的重量之间的差值,以节点力的形式均分作用在索端两节点上。

② 背架自重

背架总质量为 1 992 400 kg,以竖向集中载荷的形式作用在主索网节点上,图 4-7 为背架单元重量和面积的拟合公式。

在分析模型中,建立主索网的面单元,根据图 4-7 的拟合公式在面单元上加载,并转化为相应的主索网节点的集中荷载。分析模型的节点荷载总和为 19 722 kN,误差为 −1%。

(2) 基准球面预应力(P)和主动抛物面变位(S)。FAST 索网工作时需通过主动调节下拉索呈现 300 m 口径的工作抛物面。以抛物面和基准球面之间的距离幅值最小为优化目标得到的变位策略,工作区域边缘的调节量为 0。抛物面的抛物线方程为:$x^2 + 2py + c = 0$,其中 $p = -276.6\ 470, c = -166\ 250$,见图 4-8 所示。工作抛物面中心偏移基准球面中心的角度范围为 26°。

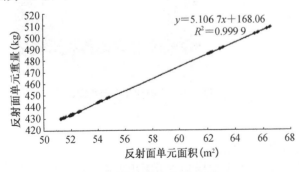

图 4-7 反射面单元重量拟合

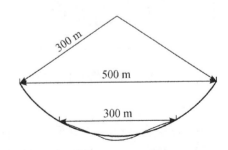

图 4-8 工作抛物面与基准球面的关系

(3) 温变(T):合龙温度为 15 ℃,温变 ±25 ℃。

(4) 风载:重现期 30 年的风压仅为 0.22 kN/m²;鉴于背架镂空,周圈钢构均为格构式,地处洼地,因此暂不考虑风载。

（5）雪载:无。

（6）地震:抗震设防烈度为 6 度,设计基本地震加速度值为 0.05g,设计地震分组为第一组,因此不考虑地震作用。

（7）马道、装饰、检修及施工荷载:暂不考虑。

（8）意外偶然载荷及断索:暂不考虑。

4.2.4 索网优化方法

FAST 索网不是载控结构,而是形控结构,即在球面基准态和抛物面工作态时,通过促动器主动调整下拉索,使面索的节点达到预定坐标。采用容许应力法进行设计,荷载均采用标准值,拉索材料强度采用容许应力。

1) 面索初应变和初应力的优化

面索的总应变 ε_a,包括初应变 ε_0、主动变位产生的应变 ε_d 以及温度变化产生的应变 ε_T,公式为:$\varepsilon_a = \varepsilon_0 + \varepsilon_d + \varepsilon_T$。

在基准态和某个工作态之间变位时,面索的变位应变 ε_d 基本是定值,这与自重载荷、面索的规格和弹性模量等无关。经分析,面索中主要拉索的变位应变 ε_d 在 $-0.001\,65 \sim +0.000\,47$ 范围内。

在拉索材料的温度膨胀系数（碳钢拉索,$\alpha=1.2\times10^{-5}$）一定时,温变应变 ε_T 仅与温度变化有关。在设计温度变化±25 ℃条件下,温变应变 ε_T 在 $-0.000\,3 \sim +0.000\,3$ 范围内。

设拉索极限抗拉强度 $\sigma_b=1\,860$ MPa,综合弹性模量取 $E_0=210$ GPa,安全系数取 2.5,容许应力 $[\sigma]=1\,860/2.5=744$ MPa,容许应变 $[\varepsilon]=[\sigma]/E_0=0.003\,54$。

根据上述分析,为保证面索在设计条件下弹性工作:$0<\varepsilon_a<[\varepsilon]$,则面索初应变的范围为 $0.001\,95<\varepsilon_0<0.002\,77$;初应力的范围为 410 MPa$<\sigma_0<$582 MPa;初应力比的范围为 $0.55<\beta_0=\sigma_0/[\sigma]<0.78$。在此范围内,应尽可能提高面索的初应变,以提高其应变能储备和变位恢复能力,增大下拉拉力的最小值,减轻拉索重量。

2) 标准球面基准态的下拉索拉力的优化

由于升温和降温的极值是反对称的,抛物面主动变位时上凸和下凹的位移极值也是反对称的,所以相对标准球面基准态,最不利工况的下拉拉力变化极值也是反对称的。因此,在标准球面基准态下,下拉拉力应为其上下限值的平均值。

若下拉拉力的限值为:10 kN$<F_x<$50 kN,则标准球面基准态下拉拉力应为:$F_{x0}=30$ kN。

3) 面索规格的优化

基于上述内容,在标准球面基准态下,当下拉拉力一定时,为满足在球面位形上的静力平衡条件,面索的拉力（初张力）也是一定的,而此时面索拉力（初张力）等于初应变、弹性模量和截面积的乘积,即:$F_0 = \varepsilon_0 \times E_0 \times A = \sigma_0 A_b$。

设定初应力上限 $[\sigma_{0T}]$ 和下限 $[\sigma_{0L}]$。当超上限时,优化拉索截面积 $A_b \geqslant F_0/[\sigma_{0T}]$;当超下限时,$A_b \leqslant F_0/[\sigma_{0L}]$。

4.2.5 优化原则和参数

（1）面索规格优化范围:表 4-1 中的 3~22 号规格。

（2）面索网关于圆心具有五分之一的对称性，而每个对称单元内又关于自身中轴线对称，因此面索规格具有十分之一的对称性，对称位置上的面索归为同一规格组，取同一规格。

（3）标准球面基准态的下拉索拉力 $F_{x0} = 30$ kN。

（4）标准球面基准态的面索应力比（即初应力比）限值：初应力比上限 $[\beta_{0T}] = 0.7$，初应力比下限 $[\beta_{0L}] = 0.6$。

（5）当对称位置上同一规格组的面索，有的初应力比超上限，有的超下限时，以满足上限为优先。

（6）连接板的规格，对应于所连最大规格的面索。

4.2.6　FAST 标准球面基准态索网优化分析

1）标准球面基准态索网优化分析步骤

（1）设定面索初始规格为表 4-1 中的 3 号规格，即 OVM.ST15-2。

（2）施加实际拉索、连接板和背架的重量。

（3）计算面索网的综合弹性模量。

（4）在标准球面基准态，基于下拉拉力为定值，进行面索网的找力分析，确定各面索的初张力。

（5）根据面索的初张力和初应力比限值，优化面索规格。

（6）重复步骤（2）～（5），直至面索规格调整的重量小于 200 kg。

2）标准球面基准态面索网的初张力找力分析

标准球面基准态面索网的初张力找力分析，是设定下拉拉力为定值，寻求基于球面位形满足静力平衡条件的面索初张力。

设下拉拉力 $F_{x0} = 30$ kN；找力分析迭代收敛标准：面索节点最大位移小于 1 mm。

经找力分析后，标准球面基准态的下拉索拉力为 29.955～30.032 kN；面索的拉力为 82.358～1 120 kN；最大节点位移为 0.987 mm（图 4-9～图 4-11）。

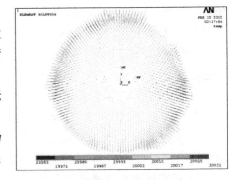

图 4-9　标准球面基准态的下拉索拉力（N）

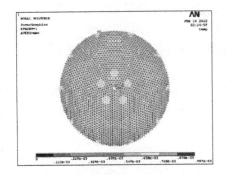

图 4-10　标准球面基准态的节点位移（m）

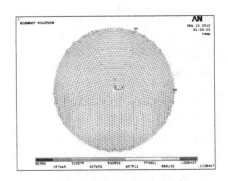

图 4-11　标准球面基准态的面索拉力（N）

3）FAST 标准球面基准态索网优化结果

（1）面索和下拉索的工程量总共为 1 174 t，其中面索为 1 117 t，见表 4-2 和表 4-3 所示；

连接板的个数为 2 244 个,重量为 396.135 t。

(2) 面索网的综合弹性模量为 213.8 GPa。

(3) 35 根面索达到最大规格(OVM. ST15-11J3),40 根面索达到最小规格(OVM. ST15-2);

(4) 标准球面基准态下,面索的应力为 294~699 MPa(图 4-12),应力比为 0.395~0.94(图 4-13),绝大部分面索的应力比分布在 0.6~0.7 范围内。应力比超限的面索的规格已经达到最大规格或最小规格,不能再优化。

表 4-2 标准球面基准态索网优化后的拉索工程量

	索体		索头		成品索	
	长度(m)	重量(N)	长度(m)	重量(N)	长度(m)	重量(N)
面索网	67 401.955	4 946 800.549	5 719.700	6 000 246.000	73 121.655	10 947 046.549
下拉索	24 473.528	328 581.585	871.650	229 981.500	25 345.178	558 563.085
合计	91 875.483	5 275 382.133	6 591.350	6 230 227.500	98 466.833	11 505 609.633

表 4-3 FAST 索网用索量统计

规格	根数	总长(m)	索体总重(kg)	索头总重(kg)	拉索总重(kg)
OVM. ST15-1G	0	0	0	0	0
OVM. ST15-1	2 235	25 345.178	33 528.733	23 467.5	56 996.233
OVM. ST15-2	40	427.649	1 322.741	1 600	2 922.741
OVM. ST15-2J3	20	216.642	744.023	800	1 544.023
OVM. ST15-3	100	1 117.012	4 732.493	5 200	9 932.493
OVM. ST15-3J3	260	2 913.301	13 301.440	13 520	26 821.440
OVM. ST15-4	1 675	18 794.771	99 666.742	117 250	216 916.742
OVM. ST15-4J3	855	9 520.505	53 637.582	59 850	113 487.582
OVM. ST15-5	655	7 391.800	49 923.013	56 985	106 908.013
OVM. ST15-5J3	380	4 209.664	30 180.550	33 060	63 240.550
OVM. ST15-6	580	6 334.981	48 285.773	53 360	101 645.773
OVM. ST15-6J3	475	5 128.390	41 215.916	43 700	84 915.916
OVM. ST15-7	560	5 857.930	49 842.056	60 480	110 322.056
OVM. ST15-7J3	360	3 715.686	33 139.144	38 880	72 019.144
OVM. ST15-8	365	3 733.610	37 713.898	55 115	92 828.898
OVM. ST15-8J3	185	1 849.494	19 398.068	27 935	47 333.068
OVM. ST15-9	105	1 043.249	11 707.438	19 425	31 132.438
OVM. ST15-9J3	25	229.710	2 649.445	4 625	7 274.445
OVM. ST15-10	35	317.360	3 760.718	6 965	10 725.718
OVM. ST15-10J3	20	155.780	1 865.989	3 980	5 845.989
OVM. ST15-11	10	53.896	624.927	2 120	2 744.927
OVM. ST15-11J3	35	110.225	1 063.613	7 420	8 483.613
总计	8 975	98 466.833	538 304.299	635 737.5	1 174 041.799

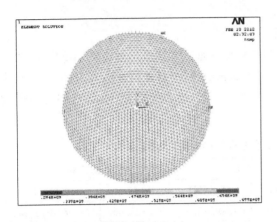

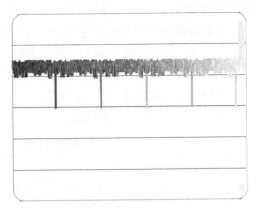

图 4-12　标准球面基准态的面索应力(N/m²)　　图 4-13　标准球面基准态的面索应力比

4.2.7　设计温变±25 ℃条件下抛物面工作态的索网验算

1)不同温度条件下球面基准态和抛物面工作态的面索应力和下拉拉力统计

根据表 4-4,可见:

(1)达下限的最不利工况出现在+25 ℃条件的工作态抛物面上凸部位,此处面索应力和下拉拉力均较小;在验算工况内,最小面索应力为 47.2 MPa;最小下拉拉力为 5.3 kN,小于下限 10 kN。

(2)达上限的最不利工况出现在-25 ℃条件的工作态抛物面的下凹和边缘部位,此处面索应力和下拉拉力均较大;在验算工况内,最大面索应力为 913 MPa,大于容许应力 744 MPa(若增大面索规格,规格 OVM.ST15-15J3 能满足要求);最大下拉拉力为 53.4 kN,大于上限50 kN。

(3)下拉索拉力超出了上限和下限,分别超出了-4.7 kN 和 3.4 kN。

表 4-4　基于周边全约束条件下的面索应力和下拉拉力统计表

变温	状态		面索应力		下拉拉力	
			极值(MPa)	最不利工况号	极值(kN)	最不利工况号
+25 ℃	球面基准态	min	232	—	23.543	—
		max	624	—	26.214	—
	抛物面工作态	min	47.2	2	5.329	65
		max	805.2	47	40.630	56
±0 ℃	球面基准态	min	294	—	29.955	—
		max	699	—	30.032	—
	抛物面工作态	min	112.804	2	11.020	65
		max	858.953	47	46.483	56
-25 ℃	球面基准态	min	356	—	33.915	—
		max	775	—	36.568	—
	抛物面工作态	min	178.4	2	16.707	65
		max	913.0	47	53.394	64

注:验算工况的工作态抛物面中心,取球面中心点,以及与球面中心 26°范围内的十分之一对称的面索节点,共 65 个点,见图 4-14 所示;工况号对应的曲面中心轴角度见表 4-5 所示。

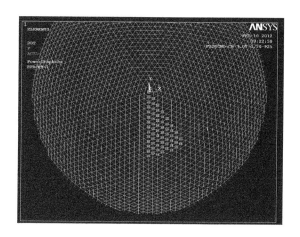

图 4-14　验算工况的工作抛物面中心点

表 4-5　工况号对应的曲面中轴线角度

工况号	$\alpha(°)$	$\beta(°)$	工况号	$\alpha(°)$	$\beta(°)$	工况号	$\alpha(°)$	$\beta(°)$
1	0	−90	23	−64.213	−76.856	45	−70.079	−72.995
2	−90.000	−74.141	24	−59.916	−78.623	46	−62.079	−64.907
3	−90.000	−76.124	25	−58.600	−75.301	47	−67.288	−64.532
4	−90.000	−72.159	26	−67.515	−69.683	48	−59.903	−66.702
5	−90.000	−82.071	27	−72.138	−71.023	49	−54.000	−66.812
6	−90.000	−84.053	28	−63.461	−68.236	50	−65.517	−66.398
7	−90.000	−80.088	29	−73.749	−69.112	51	−57.180	−68.477
8	−90.000	−66.212	30	−69.374	−67.800	52	−54.000	−83.571
9	−90.000	−64.230	31	−65.131	−71.597	53	−62.254	−81.857
10	−90.000	−68.194	32	−60.841	−70.070	54	−67.584	−80.035
11	−90.000	−86.035	33	−54.000	−86.791	55	−54.000	−80.308
12	−90.000	−88.018	34	−67.606	−85.042	56	−81.130	−64.366
13	−90.000	−78.106	35	−81.349	−77.310	57	−80.429	−66.349
14	−90.000	−70.177	36	−79.782	−79.273	58	−76.189	−65.219
15	−82.494	−75.345	37	−84.034	−71.310	59	−79.609	−68.329
16	−83.351	−73.282	38	−84.583	−69.331	60	−75.064	−67.172
17	−56.770	−65.097	39	−73.844	−76.270	61	−70.954	−65.899
18	−73.934	−83.165	40	−75.845	−74.258	62	−62.222	−73.474
19	−77.511	−81.219	41	−71.205	−78.169	63	−54.000	−73.635
20	−85.409	−65.354	42	−67.507	−74.945	64	−57.752	−71.881
21	−85.034	−67.354	43	−77.400	−72.232	65	−54.000	−70.201
22	−54.000	−77.057	44	−78.610	−70.284	66	0	−90.000

注:工况均为抛物面工作态。中轴线角度基于球面中心的球面坐标系统,Z轴竖直向上。

2）达下限的面索应力和下拉拉力图（图 4-15、图 4-16）

达到面索应力最小值的工况:+25 ℃,工作抛物面中心:$\alpha=-62.222°$,$\beta=-73.474°$。

达到下拉拉力最小值的工况:+25 ℃,工作抛物面中心:$\alpha=-54.000°$,$\beta=-70.201°$。

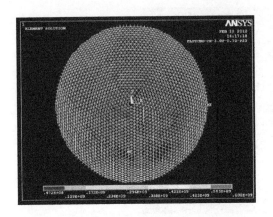

图 4-15　达到最小值的面索应力图(N/m²)

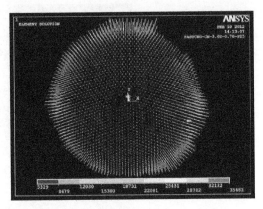

图 4-16　达到最小值的下拉拉力图(N)

3) 达上限的面索应力和下拉拉力图(图 4-17、图 4-18)

达到面索应力最大值的工况:−25 ℃,工作抛物面中心:$\alpha=-67.288°,\beta=-64.532°$。

达到下拉拉力最大值的工况:−25 ℃,工作抛物面中心:$\alpha=-57.752°,\beta=-71.881°$。

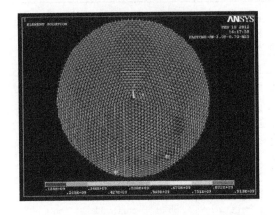

图 4-17　达到最大值的面索应力图(N/m²)

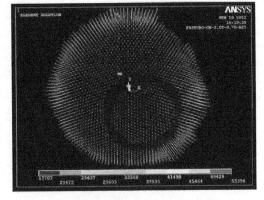

图 4-18　达到最大值的下拉拉力图(N)

4.2.8　若干因素对索网的优化和性能的影响

1) 下拉索初张力和最小下拉拉力的影响

(1) 提高最小下拉拉力的可行性分析

若下拉拉力过低,则使面索网难以变位至抛物面,从而影响工作抛物面精度,甚至导致 FAST 无法正常工作。在特定工作位形下,下拉拉力是由面索的拉力决定的。在工作抛物面的凸起部位,若面索拉力过低,则无法通过促动器放长下拉索来使面索达到抛物面。因此,要提高最小下拉拉力,关键是提高面拉力。

面拉力为其应力和截面积的乘积。在采用抗拉强度 1 860 级钢索且安全系数为 2.5 的条件下,要提高面索应力,则必须提高其在标准球面基准态的初应力。根据前述内容,在标准球面基准态面索优化分析中,面索初应力已经基本用足,难以再提高。因此,通过增加面索初应力,提高面索工作应力而提高最小下拉拉力并不可行。

若维持面索初应力不变,而增大面索的截面积,则将最小下拉拉力从 5.329 kN 提高至

10 kN,需要面索截面积至少增加 0.88 倍,而这估算还忽略了面索和连接板自重增加对最小下拉拉力的不利影响。这样,也将导致下拉索在标准球面基准态的预张力和在抛物面工作态的最大拉力增加近 0.88 倍,分别达到约 55 kN 和 100 kN,另外面索的初张力和周圈钢构的内力也基本按此倍数增加,显然通过面索截面积而提高最小下拉拉力也不可行。

因此,在现有设计条件(钢索,抗拉强度 1 860 MPa,安全系数 2.5)下,最小下拉拉力难以满足要求。

(2)验证分析

标准球面基准态面索优化分析设定:钢索安全系数为 2.5,容许应力 744 MPa,优化应力比上限为 0.7,下限为 0.6,下拉索拉力为 55 kN。优化分析统计结果,见表 4-6 和表 4-7 所示。可见:最小面索应力提高,较多拉索达到最大规格,其初应力比超出了上限。

(3)在标准球面基准态下,提高下拉索初张力后,面索初张力提高 64.3%~88.5%,面索重量增加了 62.6%,连接板重量增加了 64.0%;面索达到最大规格的有 1 440 根,占面索总根数(6 740 根)的 21.4%;最大初应力比达到 1.546,远超过优化设定的初应力比上限;面索综合弹性模量略有增加。

(4)在最不利工况下,提高下拉索初张力后,面索应力和下拉拉力的极值都得到提高;面索应力范围为 76.4~1 210 MPa,应力比范围 0.10~1.63;下拉拉力范围为 15.425~94.390 kN,平均值为 54.9 kN。

(5)总之,数值分析结果与前述概念分析结果基本是一致的。两者的差异主要是因为较多面索已达到最大规格,在面索初张力优化确定的情况下,达到最大规格的面索的初应力得到了较大提高,从而相对于估算结果,数值分析的面索重量较小,面索最小应力和最大应力以及最小下拉拉力较大。

表 4-6 不同下拉索初张力时标准球面基准态优化对比

下拉索 初张力 (kN)	面索 重量 (N)	连接板 重量 (N)	面索综合 弹性模量 (GPa)	面索 初张力 (kN)	面索 初应力 (MPa)	面索 初应力比
30	10 947 047	4 216 156	213.8	82.358~1 120	294~699	0.395~0.940
55	17 802 604	6 916 546	218.6	155.22~1 840	438~1 150	0.589~1.546

注:索均采用钢索,抗拉强度标准值为 1 860 MPa,安全系数取 2.5。

表 4-7 不同下拉索初张力时最不利工况的面索应力和下拉拉力对比

变温	下拉索 初张力 (kN)	面索应力			下拉拉力		
		极值(MPa)	α(°)	β(°)	极值(kN)	α(°)	β(°)
+25 ℃	3.0	min	47.2	−62.222	−73.474	min	5.329	−54.000	−70.201
	5.5		76.4				15.425		
−25 ℃	3.0	max	913.0	−67.288	−64.532	max	53.394	−57.752	−71.881
	5.5		1 210				94.390		

注:索均采用钢索,抗拉强度标准值为 1 860 MPa,安全系数取 2.5。

2) 周圈钢桁架的支座条件和温变影响

(1) 周圈钢桁架采用径向滑动支座的可行性分析

FAST 索网结构的直径达到 500 m，为超大尺度的结构，而温度变化对这类结构影响较大。不同于常规荷载作用下的变形和应力，温度变形释放，则无温度应力；反之，温度变形约束，则产生温度应力。在常规大跨钢结构工程中，为削弱温变的影响，降低温度应力，往往采用支座滑动的方式释放温度变形。

如前所述，FAST 索网为形控结构，工作时通过促动器调节下拉索，使面索网主动变位至指定曲面上。也就是说，当温度变化时，工作的下拉索仍要将面索网拉至指定位置，以消除温度变形对面索网工作曲面的影响。

周圈钢桁架采用滑动支座，同较低的周边结构刚度一样，由于较柔的边界刚度，增大了索网周边的节点位移和主动变位的困难，从而导致边缘下拉拉力变化幅值大，另外还增大了索网的预应力损失；但有利的是，工作时索网内力变化幅度降低，钢支柱受力和支座反力减小。因此，周圈钢桁架采用滑动支座，尚应采取有效的分析设计方法和施工措施，避免不利因素，保持有利因素，可采取表 4-8 中的方法和措施。

表 4-8　周圈钢桁架滑动的不利因素及解决方法

不利因素	解决方法
周边下拉拉力变化幅度大	在标准球面基准态，利用千斤顶主动张拉周边下拉索就位固定；之后，FAST 工作时周边下拉索不再主动变位
索网预应力损失大	可调整边缘面索的无应力长度和边界连接节点的安装位置，保证在标准球面基准态下，周圈钢桁架受力变形后索网的位形和应力水平，与周边全约束条件下的一致

(2) 验证分析

采用 4.2.6 节标准球面基准态索网优化结果，增设约束竖向和环向位移、释放水平径向位移的钢圈桁架(图 4-19)。

图 4-19　含周圈桁架的索网结构模型

(注：周圈桁架支座沿径向可滑动)

钢圈桁架力学参数：弹性模量 $E=206$ GPa，温度线膨胀系数 $\alpha=1.2\times10^{-5}$；由于竖向位移约束，不考虑钢圈桁架自重。

调整钢圈桁架初始刚度 K_0，使其在标准球面基准状态下最大径向位移约为直径的 1/3 000（即 167 mm），然后改变钢圈桁架刚度分别为 $1.5K_0$、$2.0K_0$ 和 $100.0K_0$（近似模拟刚度无穷大），对比分析不同温度条件下的球面基准态，由表 4-9、表 4-10 和图 4-20～图 4-22 可见：

表 4-9 钢圈梁不同约束条件下球面基准态对比表

变温	约束	周圈桁架刚度	周边支座径向位移(mm)	面索应力(MPa)		下拉拉力(kN)	
				min	max	min	max
+25 ℃	全约束	—	0	232	624	23.543	26.214
	径向滑动	100.0K_0	73.2	250	656	1.307	27.461
		2.0K_0	−10.6	230	618	23.257	29.096
		1.5K_0	−36.3	222	608	22.269	36.978
		1.0K_0	−84.0	206	593	20.438	51.137
±0 ℃	全约束	—	0	294	699	29.955	30.032
	径向滑动	100.0K_0	−0.01	293	699	29.747	31.707
		2.0K_0	−89.4	264	670	26.690	61.483
		1.5K_0	−116	254	663	25.575	70.379
		1.0K_0	−166	231	653	23.692	86.269
−25 ℃	全约束	—	0	356	775	33.915	36.568
	径向滑动	100.0K_0	−76.7	330	751	32.546	65.177
		2.0K_0	−171	291	731	29.831	99.098
		1.5K_0	−199	277	727	28.858	109.458
		1.0K_0	−251	248	723	27.030	128.971

表 4-10 钢圈梁不同约束条件下相对±0°的球面基准态变化值

变温	约束	周圈桁架刚度	周边支座径向位移 Δ(mm)	面索应力(MPa)		下拉拉力(kN)	
				Δ_{min}	Δ_{max}	Δ_{min}	Δ_{max}
+25 ℃	全约束	—	0	−62	−75	−6.412	−3.818
	径向滑动	100.0K_0	73.21	−43	−43	−28.44	−4.246
		2.0K_0	78.8	−34	−52	−3.433	−32.387
		1.5K_0	79.7	−32	−55	−3.306	−33.401
		1.0K_0	82	−25	−60	−3.254	−35.132
−25 ℃	全约束	—	0	62	76	3.96	6.536
	径向滑动	100.0K_0	−76.69	37	52	2.799	33.47
		2.0K_0	−81.6	27	61	3.141	37.615
		1.5K_0	−83	23	64	3.283	39.079
		1.0K_0	−85	17	70	3.338	42.702

注:Δ 均为相对±0 ℃球面基准态的差值。

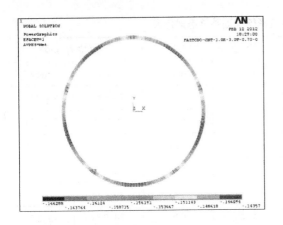

图 4-20 球面基准态钢圈桁架径向位移

(温变±0 ℃,周圈桁架刚度 $1.0K_0$,单位:m)

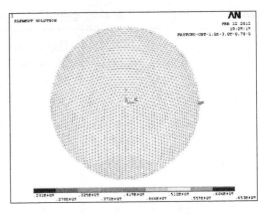

图 4-21 球面基准态面索应力

(温变±0 ℃,周圈桁架刚度 $1.0K_0$,单位:N/m^2)

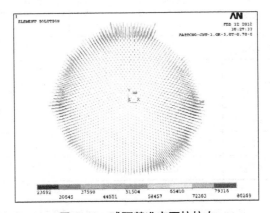

图 4-22 球面基准态下拉拉力

(温变±0 ℃,周圈桁架刚度 $1.0K_0$,单位:N)

(1) 对比周边全约束条件与大刚度钢圈桁架滑动条件的球面基准态,钢圈桁架支座滑动改善了面索应力,提高了低值,降低了高值,减小了变化幅值,但恶化了索网边缘部位的下拉拉力。在±0 ℃时,两者基本一致;在+25 ℃时,后者面索应力提高约 25 MPa,而最小下拉拉力(在索网边缘)很小,达到 1.3 kN;在−25 ℃时,后者面索应力降低约 25 MPa,而最大下拉拉力(在索网边缘)很大,达到 65.2 kN。

(2) 对比支座滑动及 $1.0K_0$、$1.5K_0$ 和 $2.0K_0$ 钢圈桁架刚度的球面基准态,此时钢圈桁架既存在温度变形又存在索网拉力下的变形,为弥补两者变形,保证索网位形,周边下拉索的负担很大;钢圈桁架刚度越低,周边下拉拉力越大,而面索应力下降越多,从而在最不利工况下面索剩余应力较低,但有利的是拉力变化幅值相对降低。

(3) 总之,钢圈桁架滑动和降低刚度,有利于降低工作状态下索网内力的变化幅度,减小钢支柱的内力和支座反力;不利的是增加了周边下拉索的负担和面索的预应力损失。本书将在 4.3 节进行滑动钢圈桁架的优化设计。

3) 拉索安全系数和容许应力

(1) 对索网和性能的影响

FAST 工程是超大型科学仪器,且属于精确形控结构。相对普通土木工程结构,FAST 索网结构的自重载荷和主动变位载荷都是比较准确的,因此自重载荷和主动变位载荷的荷载分项系数可取 1.1;温变载荷±25 ℃,已经偏安全取了较大值,因此温变载荷分项系数取 1.0;拉索材料抗力分项系数偏安全取 1.2,另外考虑部分安全系数 1.5,则采用容许应力法进行拉索设计时,拉索安全系数为 1.1×1.0×1.2×1.5=1.98,取 2.0。

根据前述的标准球面基准态优化方法,安全系数分别取 2.5 和 2.0,容许应力、容许应变、面索初应力和初应力比的上下限对比见表 4-11 所示。

由表 4-11 可看出,安全系数降低至 2.0,拉索的容许应力增加了 186 MPa,容许应变增加了 0.000 89,提高了面索初应力上限;若标准球面基准态面索优化时,设定初应力上限为 700 MPa,初应力下限为 605 MPa,即初应力比上下限分别为 0.75 和 0.65,则可在面索中多储备约 167 MPa 的初应力,从而减少面索及其连接板的工程量,改善面索和下拉索的内力状况。

表 4-11 拉索安全系数和容许应力对比

安全系数	容许应力（MPa）	容许应变	标准球面基准态面索			
			初应力下限（MPa）	初应力上限（MPa）	初应力比下限	初应力比上限
2.5	744	0.003 54	410	582	0.55	0.78
2.0	930	0.004 43	410	769	0.44	0.83
差值	186	0.000 89	0	187	−0.11	0.05

注:拉索抗拉强度标准值为 1 860 MPa,弹性模量取 210 GPa。

(2) 验证分析

标准球面基准态面索优化分析设定:钢索安全系数为 2.0,容许应力 930 MPa,优化应力比上限为 0.75,下限为 0.65,下拉索拉力仍为 30 kN。

优化分析统计结果,见表 4-12、表 4-13 和表 4-14 所示。

表 4-12 不同安全系数时标准球面基准态优化对比

安全系数	面索重量（N）	连接板重量（N）	面索综合弹性模量（GPa）	面索初张力（kN）	面索初应力（MPa）	面索初应力比	下拉索初张力（kN）
2.5	10 947 047	4 216 156	213.8	82.358~1 120	294~699	0.395~0.940	30
2.0	8 272 846	2 880 563	211.1	77.118~1 110	275~709	0.296~0.762	30

表 4-13 不同安全系数时标准球面基准态索网优化后的面索工程量对比

安全系数	索 体		索 头		成品索	
	长度(m)	重量(N)	长度(m)	重量(N)	长度(m)	重量(N)
2.5	67 401.955	4 946 800.549	5 719.700	6 000 246.000	73 121.655	10 947 046.549
2.0	68 326.955	3 834 474.657	5 146.800	4 438 371.000	73 473.755	8 272 845.657
差值	925.000	−1 112 325.892	−572.900	−1 561 875.000	352.100	−2 674 200.892

表 4-14　不同安全系数时最不利工况的面索应力和下拉拉力对比

变温	安全系数	面索应力			下拉拉力		
		极值(MPa)	$\alpha(°)$	$\beta(°)$	极值(kN)	$\alpha(°)$	$\beta(°)$
+25 ℃	2.5	min	47.2	−62.222	−73.474	min	5.329	−54.000	−70.201
	2.0		184				12.246		
−25 ℃	2.5	max	913.0	−67.288	−64.532	max	53.394	−57.752	−71.881
	2.0		876				51.499		

可见:

① 在标准球面基准态下,提高拉索容许应力后,面索初张力有所降低;面索重量减少了24.4%,连接板重量减少了31.7%;10 根面索达到最大规格(OVM.ST15-11J3),90 根面索达到最小规格(OVM.ST15-2);最大初应力比仅略高于优化设定的应力比上限,拉索最大规格基本够用;面索综合弹性模量略有降低。

② 在最不利工况下,提高拉索容许应力后,无论面索应力和下拉拉力都得到了改善,最小值提高,最大值降低;面索应力范围为 184~876 MPa,应力比范围为 0.20~0.94,满足要求;下拉拉力范围为 12.2~51.5 kN,最小值已满足 10 kN 的下限要求,最大值基本接近 50 kN 的上限要求(仅超出 1.5 kN)。

③ 总之,调整拉索安全系数至 2.0,现有条件已基本能满足 FAST 索网的工作要求。但需要保证在应力上限达到 0.5 f_{ptk} 条件下的抗疲劳性能,可能需要补充拉索疲劳试验。

4) 拉索材料类型

碳纤维索的容许应力可达 1 000 MPa,弹性模量约 160 GPa,密度 1 512 kg/m³(为钢材的19%)。相比高强钢索,碳纤维索具有容许应力高、弹性模量低、自重轻、抗疲劳性能好等特点。

相比安全系数取 2.0 的钢索,尽管碳纤维索的容许应力仅增加了 70 MPa,但容许应变增加了 41% 之多,达到 0.006 25;在标准球面基准态下,碳纤维面索的初应力幅值更加宽广,可多储存 108 MPa 的初应力(表 4-15);在抛物面工作和温变时,碳纤维面索的应力变化值减小了约 20%;总之,采用碳纤维面索可在拉索中储存更多的应变能,减小工作时面索应力和下拉拉力的变化,另外碳纤维索的自重很轻,可大大减少面索的初张力,从而可降低周圈钢结构的内力,节约周圈钢结构的用钢量。因此,仅从力学性能上来说,碳纤维索非常适合 FAST 索网结构。

表 4-15　钢面索和碳纤维面索的对比

类型	容许应力(MPa)	容许应变	标准球面基准态面索			
			初应力下限(MPa)	初应力上限(MPa)	初应力比下限	初应力比上限
钢索	930	0.004 43	410	769.0	0.440	0.830
碳纤维索	1 000	0.006 25	312	876.8	0.312	0.877
差值	70	0.001 82	−98	107.8	−0.128	0.047

注:本表中钢索的抗拉强度标准值为 1 860 MPa,安全系数取 2.0,弹性模量取 210 GPa。

4.3 滑动钢圈桁架优化设计

4.3.1 钢圈桁架优化设计条件和原则

(1) 钢圈桁架与钢塔柱顶之间设置径向滑动支座(环向不滑动)。

(2) 每个塔柱顶设置 4 个径向滑动支座,见图 4-23 所示。

(3) 将索网边缘的下拉索(150 根)在通过千斤顶张拉至标准球面基准态后固定,此后不再主动调节,其他下拉索(2 085 根)仍通过促动器实施主动调节,见图 4-24 所示。

(4) 滑动钢圈桁架的位形和刚度应保证标准球面基准态下的索网状态与边界全约束的一致,并满足使用工况下的承载力和变形要求。

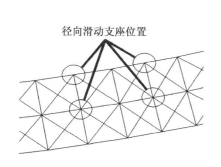

图 4-23 塔柱顶滑动支座的位置示意图
(各塔柱均同)

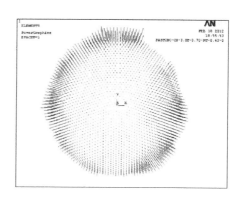

图 4-24 下拉索平面

4.3.2 标准球面基准态的滑动钢圈桁架优化设计

1) 优化设计方法和指标

首先进行标准球面基准态下的滑动钢圈桁架优化设计,下面是方法和指标。

(1) 方法和指标

① 同面索优化设计一样,钢圈桁架的构件规格分布具有十分之一的对称性。

② 钢圈桁架的单元类型采用梁单元,节点刚接。

③ 索网的规格和预张力同 4.2.6 节的第 3)点。

④ 钢构件的抗拉强度标准值为 345 MPa,均采用无缝钢管,优选规格集见表 4-16 所示,最小规格为 $\phi152\times5$,最大规格为 $\phi299\times20$,共 78 种。

⑤ 钢材弹性模量为 206 GPa,密度为 7 850 kg/m³。

⑥ 由于荷载均采用标准值,为与基于概率理论的极限状态设计方法相适应,最不利工况的钢构承载力容许应力比 $[\beta] = 1/1.4 = 0.714$;在标准球面基准态下优化设计时,容许初应力比 $[\beta_0] = 0.6$。

⑦ 钢构的容许长细比 $[\lambda] = 150$。

⑧ 受拉构件进行长细比和强度验算,受压构件进行长细比和稳定性验算。

⑨ 钢构优化规格原则:在满足长细比和承载力要求的前提下,构件自重最小。

(2)假定

① 忽略滑动支座的摩擦力及抗滑移刚度。

② 忽略塔柱的影响。

表 4-16　钢圈桁架优化设计规格选择集

序号	直径 (mm)	壁厚 (mm)	截面积 (mm²)	回转半径 (mm)	序号	直径 (mm)	壁厚 (mm)	截面积 (mm²)	回转半径 (mm)
1	152	5	2 309.1	52.0	40	203	6	3 713.4	69.7
2	152	6	2 752.0	51.7	41	203	7	4 310.3	69.3
3	152	7	3 188.7	51.3	42	203	8	4 900.9	69.0
4	152	8	3 619.1	51.0	43	203	10	6 063.3	68.3
5	152	10	4 461.1	50.3	44	203	12	7 200.5	67.7
6	152	12	5 277.9	49.7	45	203	14	8 312.7	67.0
7	152	14	6 069.6	49.0	46	203	16	9 399.6	66.4
8	159	5	2 419.0	54.5	47	203	18	10 461.5	65.7
9	159	6	2 884.0	54.1	48	219	6	4 015.0	75.3
10	159	7	3 342.7	53.8	49	219	7	4 662.1	75.0
11	159	8	3 795.0	53.5	50	219	8	5 303.0	74.7
12	159	10	4 681.0	52.8	51	219	10	6 565.9	74.0
13	159	12	5 541.8	52.1	52	219	12	7 803.7	73.3
14	159	14	6 377.4	51.5	53	219	14	9 016.4	72.6
15	168	5	2 560.4	57.7	54	219	16	10 203.9	72.0
16	168	6	3 053.6	57.3	55	219	18	11 366.3	71.3
17	168	7	3 540.6	57.0	56	219	20	12 503.5	70.7
18	168	8	4 021.2	56.6	57	245	7	5 233.9	84.2
19	168	10	4 963.7	56.0	58	245	8	5 956.5	83.8
20	168	12	5 881.1	55.3	59	245	10	7 382.7	83.2
21	168	14	6 773.3	54.7	60	245	12	8 783.9	82.5
22	168	16	7 640.4	54.0	61	245	14	10 159.9	81.8
23	180	5	2 748.9	61.9	62	245	16	11 510.8	81.2
24	180	6	3 279.8	61.6	63	245	18	12 836.5	80.5
25	180	7	3 804.5	61.2	64	245	20	14 137.2	79.9
26	180	8	4 322.8	60.9	65	273	8	6 660.2	93.7
27	180	10	5 340.7	60.2	66	273	10	8 262.4	93.1
28	180	12	6 333.5	59.5	67	273	12	9 839.5	92.4
29	180	14	7 301.1	58.9	68	273	14	11 391.4	91.7
30	180	16	8 243.5	58.3	69	273	16	12 918.2	91.0
31	194	5	2 968.8	66.8	70	273	18	14 419.9	90.4
32	194	6	3 543.7	66.5	71	273	20	15 896.5	89.7
33	194	7	4 112.3	66.2	72	299	8	7 313.6	102.9
34	194	8	4 674.7	65.8	73	299	10	9 079.2	102.2
35	194	10	5 780.5	65.1	74	299	12	10 819.6	101.6
36	194	12	6 861.2	64.5	75	299	14	12 535.0	100.9
37	194	14	7 916.8	63.8	76	299	16	14 225.1	100.2
38	194	16	8 947.3	63.2	77	299	18	15 890.2	99.6
39	194	18	9 952.6	62.5	78	299	20	17 530.1	98.9

2）标准球面基准态的径向滑动钢圈桁架优化设计结果

（1）径向滑动钢圈桁架总重 1 727.94 t（原设计该部分为 1 630.697 t），最小规格为 φ152×5（原设计为 φ159×5），最大规格为 φ299×16（原设计为 φ426×20），最大长细比为 149.9，最大应力比为－0.6，满足优化设计要求。

（2）周圈钢桁架最大三维位移为 0.45 mm（图 4-25），面索应力为 294～700 MPa（图 4-26），边缘固定下拉拉力为 29.66～30.32 kN，调节下拉拉力为 29.82～30.17 kN（图 4-27），达到边界全约束条件的标准球面基准态。

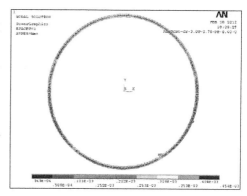

图 4-25 标准球面基准态的钢圈桁架位移(m)

（3）若将索网去除，钢圈桁架反变形的最大径向位移为 184.2 mm（图 4-28），最大竖向位移为 9.4 mm（图 4-29），此状态可指导确定钢圈桁架的安装位置。

（4）考虑到制作和施工因素，尚应对杆件规格予以通配调整，从而钢圈桁架的用钢量和刚度都会有所提高。

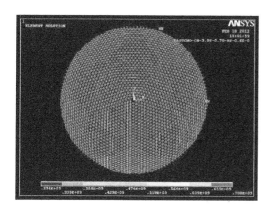

图 4-26 标准球面基准态的面索应力(N/m²)

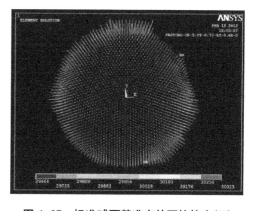

图 4-27 标准球面基准态的下拉拉力(N)

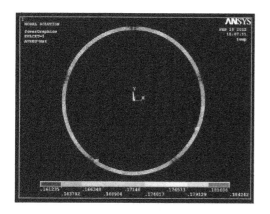

图 4-28 去除索网后钢圈桁架的径向位移(m)

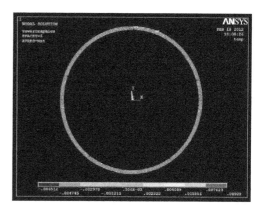

图 4-29 去除索网后钢圈桁架的竖向位移(m)

3) 最不利工况验算

球面基准态的钢圈桁架变形见表 4-17 所示,最大径向位移为 85.5 mm,约为直径的 1/5 848;索网张拉产生的钢圈桁架径向位移约为 180 mm;钢圈桁架变形以径向为主,竖向变形较小。各工况的结构内力统计见表 4-18 所示。

由表 4-18 可知:

① 面索应力范围为 81.1~885 MPa;

② 调节下拉拉力范围为 8.72~49.69 kN,最小值低于 10 kN,最大值略小于 50 kN 的要求;

③ 固定下拉拉力范围为 -1.17~62.89 kN,小于容许拉力 104.2 kN,满足承载力要求,但存在拉力松弛现象;

④ 钢圈桁架最大应力比为 -0.61,小于容许应力比 $[\beta] = 0.714$,满足承载力要求。

与边界全约束条件(表 4-4)对比,面索应力变化幅值减少 62 MPa,调节下拉拉力变化幅值减小了 7.1 kN,而且最大值都有所减低,最小值都有所提高。

表 4-17 基于钢圈桁架滑动条件下球面基准态的钢圈桁架变形统计表

变温		钢圈桁架径向位移(mm)		钢圈桁架竖向位移(mm)	
		min	max	min	max
+25 ℃		81.2	85.5	-0.5	2.6
±0 ℃	有索网	-0.11	0.13	-0.29	0.44
	无索网(反变形)	161.2	184.2	-6.5	9.4
-25 ℃		-85.2	-81.0	-2.7	0.5

表 4-18 基于钢圈桁架滑动条件下的结构内力统计表

变温	状态		面索应力		调节下拉拉力		固定下拉拉力		滑动钢圈桁架	
			极值 (MPa)	最不利工况号	极值 (kN)	最不利工况号	极值 (kN)	最不利工况号	应力比	最不利工况号
+25 ℃	球面基准态	min	246	—	26.10	—	3.69	—	—	—
		max	664	—	27.70	—	25.04	—	-0.59	—
	抛物面工作态	min	81.1	46	8.72	65	-1.17	49	—	—
		max	850.9	47	42.543	45	49.67	9	-0.57	17
±0 ℃	球面基准态	min	294	—	29.82	—	29.66	—	—	—
		max	700	—	30.17	—	30.32	—	-0.60	—
-25 ℃	球面基准态	min	337	—	32.34	—	35.19	—	—	—
		max	743	—	34.24	—	59.47	—	-0.64	—
	抛物面工作态	min	153	62	12.13	9	31.53	47	—	—
		max	885	47	49.69	64	62.89	9	-0.61	17

注:工况号对应的曲面中轴线角度见表 4-5 所示;应力比为负值表示受压,正值表示受拉。

4.3.3 面索网工作应力幅

在无变温的条件下,索网抛物面工作时最大应力和标准球面基准态应力之差,为工作正应力幅(图 4-30 和图 4-31);索网抛物面工作时最小应力和标准球面基准态应力之差,为工作负应力幅(图 4-32 和图 4-33);索网抛物面工作时最小应力和最大应力之差,为工作总应力幅,见图 4-34~图 4-36 所示。(注:分析时工作抛物面的中心点取索网的节点和中心点)

(1)正应力幅主要集中在 50~100 MPa,少量超过 200 MPa,最大正应力幅达到 380 MPa。

(2)负应力幅较为均匀地广泛分布在-70~-350 MPa 之间;此范围外的数量少,最大负应力幅达到-360 MPa。

(3)总应力幅较为均匀地广泛分布在 80~470 MPa 之间;应力幅 450~500 MPa 的面索根数较少,主要位于五分之一对称轴局部附近;极少量的面索应力幅达到 700~750 MPa,位置见图 4-37 中箭头指示单元,均位于索网边缘。

(4)主动抛物面工作引起的正应力幅、负应力幅及总应力幅与"4.2.4 索网优化方法"章节所叙述的是基本对应一致的。

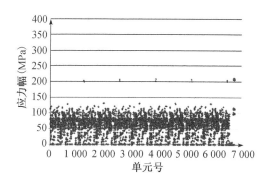

图 4-30 基于标准球面基准态的
面索网单元正应力幅

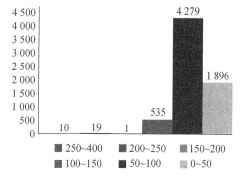

图 4-31 面索网的正应力幅及
对应的单元数量

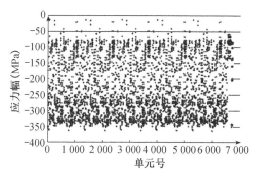

图 4-32 基于标准球面基准态的
面索网单元负应力幅

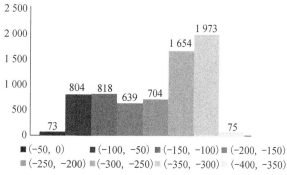

图 4-33 面索网的负应力幅及
对应的单元数量

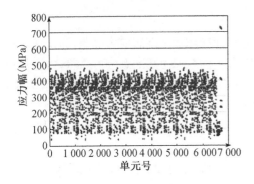

图 4-34 面索网单元总应力幅

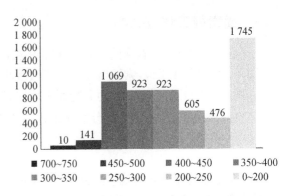

图 4-35 面索网的总应力幅及对应的单元数量

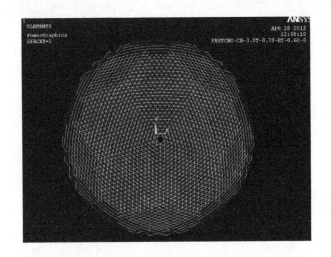

图 4-36 面索网总应力幅

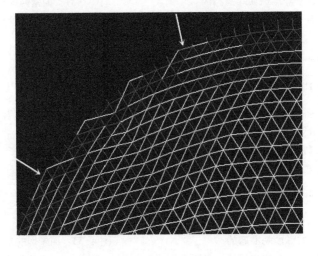

图 4-37 局部面索的总应力幅

4.4 模态分析

4.4.1 分析方法

1）结构模型

（1）结构模型包括：周圈钢桁架、面索、下拉索。

（2）周圈钢桁架：节点刚接，支座沿柱坐标系统的径向滑动，沿环向固定，释放转动约束。

（3）面索、下拉索：节点铰接，下拉索下端球铰约束。

2）刚度矩阵

取标准球面基准平衡态的结构刚度作为模态分析的刚度矩阵，即拉索初始预张力、结构和背架自重、±0 ℃变温共同作用下结构达到平衡时的切线刚度矩阵，考虑了应力刚化效应和大变形。

3）质量矩阵

质量矩阵仅包含结构自重：周圈钢桁架、面索和下拉索的索体和索头、连接节点板，而背架重量仅以集中力的形式施加在索网节点上，不参与质量矩阵。

4.4.2 分析结果

结构前10阶自振频率和周期见表4-19所示，自振频率曲线见图4-38所示，前10阶自振模态见图4-39所示。第1阶结构自振频率为1.466 Hz，基本周期为0.682 s，振型以索网沿环向位移为主；第2阶和第3阶的振型均以索网向一侧位移为主；自第4阶振型开始出现周圈钢桁架和索网的整体位移。

表 4-19　前 10 阶结构自振频率和周期

阶数	1	2	3	4	5	6	7	8	9	10
频率（Hz）	1.466	1.592	1.597	2.179	2.183	2.188	2.222	2.240	2.512	2.513
周期（s）	0.682	0.628	0.626	0.459	0.458	0.457	0.450	0.446	0.398	0.398

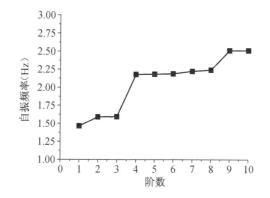

图 4-38　前 10 阶自振频率曲线

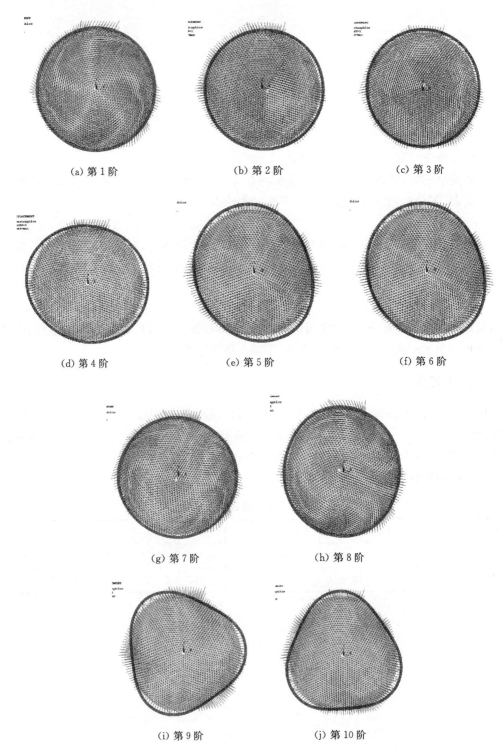

(a) 第 1 阶   (b) 第 2 阶   (c) 第 3 阶

(d) 第 4 阶   (e) 第 5 阶   (f) 第 6 阶

(g) 第 7 阶   (h) 第 8 阶

(i) 第 9 阶   (j) 第 10 阶

图 4-39　前 10 阶自振模态

4.5　风振分析

首先通过风振时域动力分析,确定结构的整体风振系数;然后采用整体风振系数,通过静力分析,确定结构工作时的风压和风速限值。

4.5.1　结构风振动力分析方法

风振分析通常有时域法和频域法。由于索网结构具有非线性和频率密集性,采用随机模拟时程分析方法。根据风荷载的统计特性进行计算机模拟,采用 P 阶自回归滤波技术,人工生成具有特定频谱密度和空间相关性的风速时程(激励样本);根据激励样本在时域内采用 Newmark 方法和 Newton-Raphson 法求解动力微分方程,得到响应样本;对响应样本进行统计分析求得风振响应的均值、均方差和相应的频谱特性。

大跨空间结构三维尺寸相近,风速时程具有时间和空间相关性。水平脉动风速谱采用 Davenport 功率谱:$S_H(n) = 4\,k\bar{v}_{10}^2 f^2/n\,(1+f^2)^{4/3}$,其中 $f = 1\,200\,n/\bar{v}_{10}$;空间相关函数采用 Davenport 指数衰减形式函数:$\rho(n) = \exp\left[-n\sqrt{C_x^2\Delta x^2 + C_y^2\Delta y^2 + C_z^2\Delta z^2}/\bar{v}_z\right]$。以上式中 n 为频率(Hz),k 为地面阻力系数,$\bar{v}_{10}$ 为 10 m 高度处平均风速(m/s),z 为受风点高度(m),$\bar{v}_z$ 为 z 高度处平均风速(m/s),C_x、C_y 和 C_z 为 Davenport 指数衰减形式函数的指数衰减系数,依次取 16、8 和 10。

在风和结构耦合作用方面,在运动方程的风压 $F(t)$ 中考虑结构振动速度 $\dot{u}(t)$ 对风速 $v(t)$ 的修正,即风压 $F(t)$ 根据空气与结构之间的相对速度来计算,以部分考虑风和结构的耦合作用。

$$M\ddot{u}(t) + C\dot{u}(t) + Ku(t) = F(t)\,,\ F(t) = C_p\rho A\,[v(t)-\dot{u}(t)]^2/2$$

式中,M 为质量矩阵;K 为刚度矩阵;C 为 Rayleigh 阻尼矩阵,$C = c_1 M + c_2 K$,$c_1 = 2\omega_i\omega_j(\zeta_i\omega_j - \zeta_j\omega_i)/(\omega_j^2 - \omega_i^2)$,$c_2 = 2(\zeta_i\omega_j - \zeta_j\omega_i)/(\omega_j^2 - \omega_i^2)$,其中 ω_i、ω_j、ζ_i 和 ζ_j 分别为第 i 阶和第 j 阶模态的自振圆频率和阻尼比。

4.5.2　分析参数

根据工程情况和《FAST 台址风环境试验总结报告》,风振时域分析有关参数设定如下:

1)风载参数

(1)基准地面标高:以索网中心下拉索的下端锚固点为基准地面标高。

(2)基本风压:$w_0 = 0.1\ \text{kN/m}^2$;10 m 高度处水平平均风速:$\bar{v}_{10} = 12.65\ \text{m/s}$。

(3)场地类别:B 类;地面粗糙度系数:$k = 0.015$。

(4)风压高度变化系数:见《建筑结构荷载规范》(GB 50009——2012)表 8.2.1,其修正系数 η 根据第 8.2.2 条中"对于山间盆地、谷地等闭塞地形,η 可在 0.75~0.85 间选取",取 0.8。

(5)风载体型系数:见图 4-40 所示,其中考虑到背架面板镂空率为 0.5,则面板挡风系数取 0.7。

2)动力分析参数

(1)结构阻尼比取 0.01,并取前两阶自振频率(1.466 Hz 和 1.592 Hz)计算 Rayleigh 阻尼

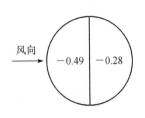

图 4-40　风载体型系数

矩阵系数。

（2）风振持续时间 300 s，采样时间间隔 0.2 s，瞬态分析时每个荷载步又分 5 个子步，每个子步的风速按线性插入取值。

（3）结构初始状态取标准球面基准态。分析中考虑应力刚化效应、几何非线性和拉索材料非线性。

（4）质量刚度矩阵含周圈钢桁架、面索和下拉索的索体和索头、连接节点板；背架重量仅作为荷载考虑。

4.5.3　平均风静力分析

1）平均风静力分析工况

初始索网形状为球面，温变为 0 ℃。

1.0×（结构自重＋背架自重）＋1.0×拉索预张力＋1.0×平均静力风载（无风振系数）

2）分析结果

若不考虑脉动风振效应，在平均静力风作用下的结构响应见表 4-20、图 4-41 和图 4-42 所示。可见：

（1）球面索网最大径向位移为－16.5 mm，位于索网边缘局部；大部分区域在－1.5 mm 以内，总体在－5 mm 以内。

（2）索网径向位移主要与下拉索的刚度相关，下拉索越长则轴向刚度越小，相应索网节点径向位移越大。

（3）相对无风的标准球面基准态，下拉拉力增加约 10 kN。

（4）面索应力略微减小一点。

结论：风载垂直于背架，主要由径向下拉索承担；面索网球面径向位移变化小，面索应力基本未变。

表 4-20　平均静力风作用下的结构响应

面索应力（MPa）		调节下拉拉力（kN）		固定下拉拉力（kN）	
min	max	min	max	min	max
291	698	31.45	40.56	31.6	39.3

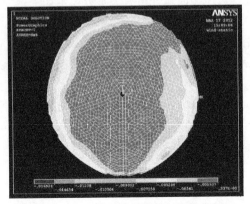

图 4-41　面索网的球面径向位移(m)

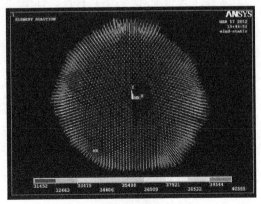

图 4-42　下拉索拉力(kN)

4.5.4 风振响应统计

进行风振瞬态分析后,获得各样本的响应时程。对某个样本 i 的某种响应(如位移和内力等)时程进行数值统计,求出响应均值 $\bar{U}_i$、均方差 σ_i,按下式计算该样本的响应最大值 U_i 和风振系数 β_i。对所有样本的风振系数进行统计,确定该响应的结构整体风振系数 β,用于结构风载静力分析。

$$\beta_i = \frac{|U_i|}{|\bar{U}_i|} = \frac{|\bar{U}_i| + \mu\sigma_i}{|\bar{U}_i|} = 1 + \frac{\mu\sigma_i}{|\bar{U}_i|}$$

式中,μ 为峰值因子或保证系数。由于 μ 涉及安全度,各国可有不同标准。根据我国可靠指标规定的数值,我国规范 μ 取值在 2.2(保证率 98.61%)左右,因此 μ 取值 2.2。

(1)选择典型节点和单元作为样本,各风振响应时程见图 4-43~图4-46 所示。可见,索网节点位移、面索应力和支座径向位移的变化幅值都较小,而下拉索的应力变化极值约为 65 MPa,拉力变化极值约为 9 kN。

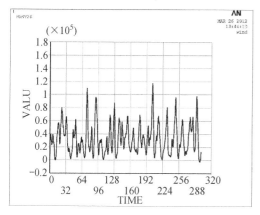

图 4-43 典型索网节点竖向位移时程(m)   图 4-44 典型面索应力时程(N/m²)

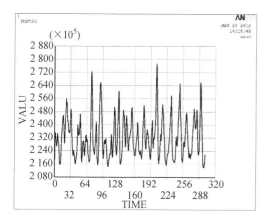
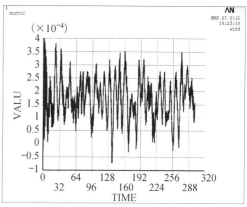

图 4-45 典型下拉索应力时程(N)   图 4-46 典型滑动支座柱面径向位移时程(m)

(2)下拉索应力响应统计。由于结构风振分析的初始状态为初始荷载作用下的平衡态,因此在风振前结构存在初始位移和初始内力,这对早期风振的结构状态有一定影响,并影响到风振响应统计值。为避免这个影响,风振参数从 10 s 开始统计,且风振各响应值均减去了初始状态下的相应值,得到纯风振下的响应值。

考虑到风振主要对下拉索影响较大,因此对各五分之一主轴上的下拉索风振应力进行统计,结果见表 4-21、图 4-47~图 4-50 所示。可见:

① 下拉索风振应力的平均值为 10~63 MPa(拉力 1.4~8.8 kN),最大值为 20~115 MPa(拉力 2.8~16.1 kN),风振系数为 1.6~2.5。

② 从内向外,下拉索风振应力平均值总体增大,但最外环由于受风面积小,所以较低。

③ 从内向外,下拉索风振系数总体减小,建议总体风振系数取 2.0。

④ 轴线 4 和 5 位于风向的上游,轴线 2 和 3 位于风向的下游,轴线 1 正好位于中间,因此轴线 4 和 5 的下拉索风振应力统计参数较大。

⑤ 未见明显的共振现象。

表 4-21　五分之一主轴的下拉索风振应力统计

轴线	环数	平均值(MPa)	均方差(MPa)	最大值(MPa)	风振系数
1	1	14.1	9.7	35.3	2.512
	4	21.5	14.5	53.4	2.484
	7	35.0	14.4	66.7	1.907
	10	35.3	14.6	67.4	1.906
	13	35.5	14.6	67.5	1.905
	16	37.8	15.5	72.0	1.903
	19	45.0	14.7	77.3	1.718
	22	49.7	17.6	88.5	1.78
	25	49.5	17.5	88.1	1.779
	28	15.9	5.7	28.5	1.791
2	1	10.3	7.1	25.8	2.511
	4	15.5	10.5	38.6	2.499
	7	25.0	10.4	47.9	1.913
	10	25.2	10.5	48.3	1.914
	13	25.1	10.4	48.0	1.913
	16	26.5	11.0	50.7	1.912
	19	32.1	9.3	52.6	1.635
	22	35.4	12.8	63.6	1.797
	25	35.1	12.7	63.0	1.796
	28	11.0	4.1	19.9	1.820

轴线	环数	平均值(MPa)	均方差(MPa)	最大值(MPa)	风振系数
3	1	12.1	8.4	30.4	2.524
	4	15.4	10.5	38.6	2.503
	7	25.5	10.3	48.1	1.884
	10	25.7	10.3	48.5	1.883
	13	25.8	10.4	48.6	1.881
	16	27.7	11.0	51.9	1.877
	19	32.6	9.7	53.9	1.653
	22	35.9	12.2	62.8	1.750
	25	35.8	12.2	62.6	1.749
	28	11.7	4.1	20.7	1.770
4	1	18.2	12.3	45.2	2.486
	4	27.6	18.5	68.2	2.474
	7	44.9	18.8	86.4	1.923
	10	45.4	19.0	87.2	1.924
	13	45.4	19.1	87.4	1.923
	16	48.4	20.3	93.1	1.922
	19	57.3	18.5	98.0	1.711
	22	63.0	22.0	111.4	1.768
	25	62.6	21.9	110.7	1.768
	28	19.7	6.9	35.0	1.775
5	1	18.2	12.3	45.3	2.486
	4	27.5	18.5	68.2	2.474
	7	45.0	20.9	91.0	2.021
	10	45.4	21.1	91.9	2.022
	13	45.5	21.1	92.0	2.021
	16	48.5	22.5	98.0	2.021
	19	57.0	19.3	99.5	1.746
	22	62.9	23.9	115.4	1.834
	25	62.3	23.6	114.3	1.833
	28	19.9	7.6	36.6	1.844

注:第1环为最内环,其他环从内向外递推。

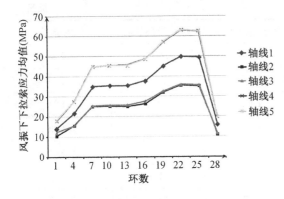

图 4-47 主轴下拉索风振应力的平均值   图 4-48 主轴下拉索风振应力的均方差

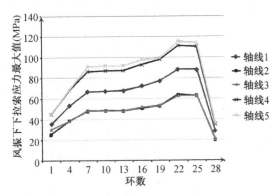

图 4-49 主轴下拉索风振应力的最大值   图 4-50 主轴下拉索风振应力的风振系数

4.5.5 设计极限风速

分别计算温度为 0 ℃、−25 ℃和＋25 ℃时下拉索达到设计承载力时的极限风速。

1）分析参数

（1）考虑到风速大时，索网停止抛物面工作，因此初始索网形状取相应温变条件下的球面。

（2）下拉索设计承载力取：$[\sigma]=1\,860/2.5=744(\text{MPa})$；$[F]=260/2.5=104(\text{kN})$。

（3）结构整体风振系数取 2.0。

（4）其他同 4.5.2 节。

2）分析结果和结论

分析结果见表 4-22、图 4-51、图 4-52 和图 4-53 所示，可见：

（1）由于初始索网形状取相应温变条件下的球面，因此温变条件对设计极限风压和风速的影响很小。

（2）在设计极限风压下，接近设计承载力的下拉索位于风向上游、靠近外环的局部。

（3）对比表 4-22 和表 4-18，相对无风条件下，在极限基本风速下面索应力降低了 10～60 MPa。

（4）基于初始球面，在极限基本风速下索网球面最大径向位移约为－120 mm。

（5）归整后，极限基本风压可取 0.35 kN/m²，极限基本风速可取 24 m/s。

表 4-22   不同温变条件下的设计极限风压和风速

变温	索网初始形状	极限基本风压（kN/m²）	极限基本风速（m/s）	面索应力（MPa）		调节下拉拉力（kN）		固定下拉拉力（kN）		最大球面径向位移（mm）
				min	max	min	max	min	max	
＋25 ℃	球面	0.34	23.3	285	732	42.9	104.3	53.7	98.4	－113
±0 ℃	球面	0.35	23.7	238	689	40.1	103.9	41.0	95.1	－116
－25 ℃	球面	0.36	24.0	188	654	37.4	103.4	19.8	92.0	－122

注：基本风压和基本风速，是以索网中心下拉索的下端锚固点为基准地面标高，10 m 高度处的风压和水平平均风速。

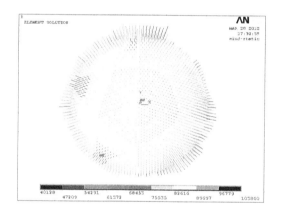

图 4-51   0 ℃极限风速下的下拉拉力(N)

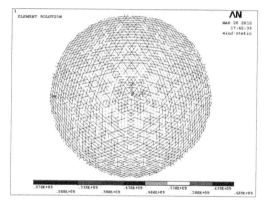

图 4-52   0 ℃极限风速下的面索应力(N/m²)

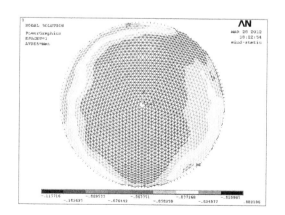

图 4-53   0 ℃极限风速下的索网球面径向位移(m)

4.6 断索分析

4.6.1 断索分析方法和分析工况

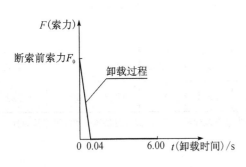

图 4-54 断索分析的卸载过程

1) 断索分析方法

断索分析,是某根典型拉索失效后对整体结构的影响分析。

采用瞬态动力分析模拟断索的动力过程。面索采用 4 折线索单元,采用瑞利阻尼,阻尼比取 0.01,断索卸载时间取 0.04 s,动力分析时间取 6 s,见图 4-54 所示。

2) 断索分析工况

分别根据最大拉力、最大应力、最多疲劳次数及典型位置等,共选取 13 个断索工况,其中 1 和 7、2 和 8 的工况是相同的,见表 4-23 所示。

表 4-23 断索分析工况

工况号	项 目	温变(℃)	工作状态	索网工作工况	单元编号	断索端节点号
1	面索轴力最大	−25	基准球面	1	A	758、2272
2	面索应力最大	−25	抛物面	47	B	294、4619
3	面索疲劳次数最多	−25	基准球面	1	C	215、669
4	面索应力幅最大	−25	基准球面	1	D	254、706
5	下拉索应力/轴力最大	−25	抛物面	9	E	392
6	最内环面索	−25	基准球面	1	F	215、672
7	最外环面索(径向)	−25	基准球面	1	A	758、2272
8	最外环面索(环向)	−25	基准球面	1	B	294、4619
9	主对称轴上最内面索	−25	基准球面	1	G	215、214
10	主对称轴上最外面索	−25	基准球面	1	H	63、62
11	主对称轴上中间面索	−25	基准球面	1	I	254、12
12	主对称轴上最内下拉索	−25	基准球面	1	J	215
13	主对称轴上中间下拉索	−25	基准球面	1	K	254

注:索网工作工况见表 4-5 所示,单元编号见图 4-55 所示。

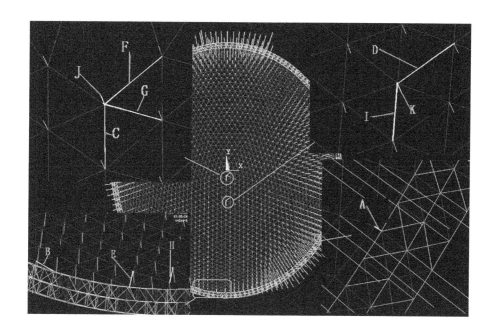

图 4-55 断索单元编号

4.6.2 断索分析结果

（1）断索分析结果统计（表 4-24）。

（2）典型工况的应力和位移时程

① 工况 2：断索两端节点号分别为 294、4619，见图 4-56～图 4-63 所示。

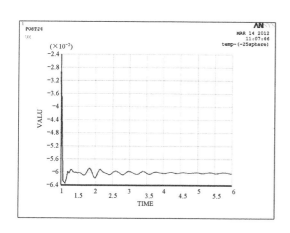

图 4-56 节点 294 沿断索方向的位移（m）

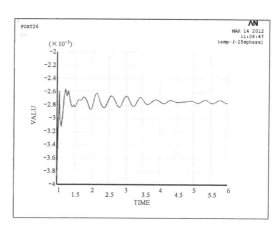

图 4-57 节点 294 沿球面径向方向的位移（m）

表4-24 断索分析结果统计

| 断索工况号 | 断索两端节点号 | 位移峰值时间点(s) | 球面径向位移 U_y (mm) | 断索方向位移 U_x (mm) | 相邻面索应力(MPa) | | | | 相邻固定下拉索应力(MPa)(注:对于连接索的索节点选取节点相连的梁单元应力) | | | | 相邻调节下拉索应力(MPa) | | | |
| | | | | | 断索前 | | 断索后 | | 断索前 | | 断索后 | | 断索前 | | 断索后 | |
					min	max	min	max	min	max	min	max	min	max	min	max
1/7	758	1.40	38.0	149.8	539	570	−22	939	284	284	56	284	—	—	—	—
	2 272	1.04	0	35.1	—	—	—	—	−266	281	−347	282	—	—	—	—
2/8	294	1.12	3.1	63.5	501	694	457	750	319	319	297	319	—	—	—	—
	4 619	1.08	0	1.6	448	550	340	550	−245	29	−267	31	—	—	—	—
3	215	1.06	0.2	36	512	532	291	672	—	—	—	—	307	307	220	224
	669	1.06	0.1	33.7	520	543	218	656	—	—	—	—	327	327	206	210
4	254	1.06	1.0	14.1	526	541	387	611	—	—	—	—	326	326	257	326
	706	1.06	1.1	21.5	520	548	359	614	—	—	—	—	327	327	257	327
5	392	1.12	517	517	480	579	382	587	449	449	—	—	—	—	—	—
6	215	1.06	0.8	47.4	506	536	45	662	—	—	—	—	308	308	157	308
	672	1.06	0.8	47.0	506	536	45	661	—	—	—	—	308	308	157	308
9	215	1.06	0.7	56.2	518	535	274	656	—	—	—	—	307	307	219	307
	214	1.06	0.8	21.6	524	551	421	676	—	—	—	—	330	330	257	330
10	63	1.06	2.5	109	484	533	107	961	—	—	—	—	294	294	132	294
	62	1.06	6.6	31	542	653	168	653	361	361	155	361	—	—	—	—
11	254	1.06	6.8	51.6	513	544	155	596	—	—	—	—	328	328	171	328
	12	1.06	0.1	30.5	515	530	210	740	—	—	—	—	330	330	209	330
12	215	1.12	230	230	513	532	487	532	—	—	—	—	236	236	—	—
13	254	1.12	196	196	519	542	487	542	—	—	—	—	235	235	—	—

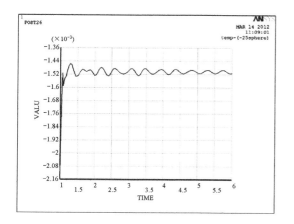

图 4-58　节点 4619 沿断索方向的位移(m)

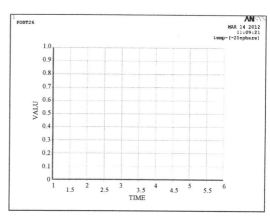

图 4-59　节点 4619 沿球面径向方向的位移(m)

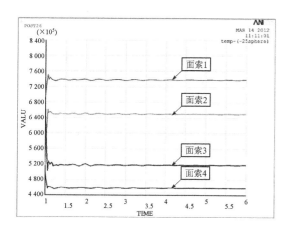

图 4-60　与节点 294 相连的面索的应力(N/m²)

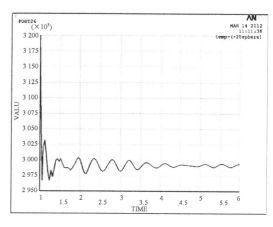

图 4-61　与节点 294 相连的下拉索的应力(N/m²)

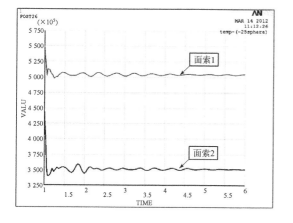

图 4-62　与节点 4619 相连的面索的应力(N/m²)

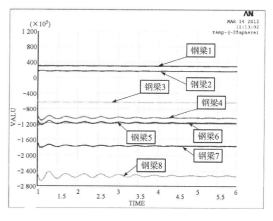

图 4-63　与节点 4619 相连的钢梁的应力(N/m²)

② 工况 5:断索两端节点号分别为 392、2744,其中,节点 392 沿断索方向的位移及与该节点相连的面索应力见图 4-64 和图 4-65 所示。

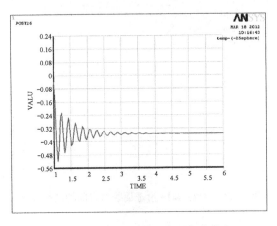

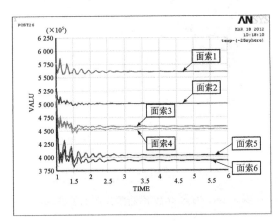

图 4-64　下拉索节点 392 沿断索方向
（即沿球面径向）的位移(m)

图 4-65　与下拉索节点 392 相连的
面索的应力(N/m²)

③ 工况 9:断索两端节点号分别为 215、214,见图 4-66~图 4-73 所示。

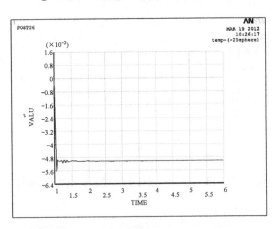

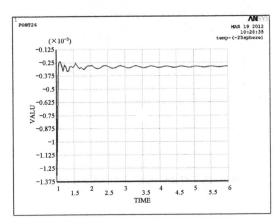

图 4-66　节点 215 沿断索方向的位移(m)

图 4-67　节点 215 沿球面径向方向的位移(m)

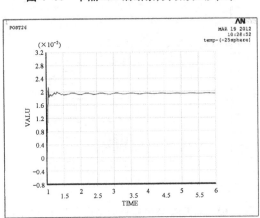

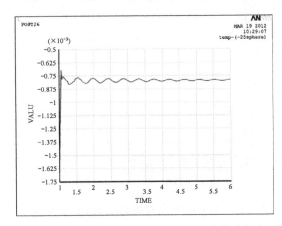

图 4-68　节点 214 沿断索方向的位移(m)

图 4-69　节点 214 沿球面径向方向的位移(m)

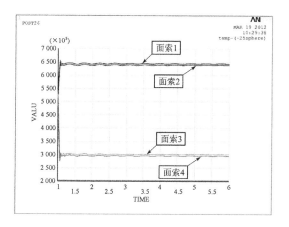

图 4-70 与节点 215 相连的面索的应力(N/m^2)

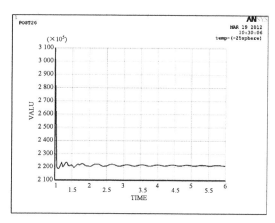

图 4-71 与节点 215 相连的下拉索的应力(N/m^2)

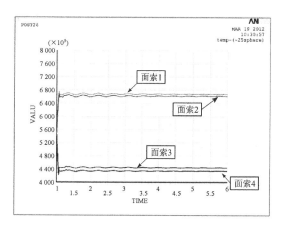

图 4-72 与节点 214 相连的面索的应力(N/m^2)

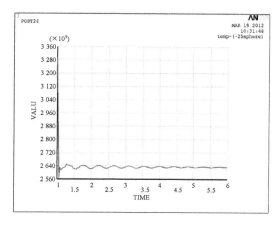

图 4-73 与节点 214 相连的下拉索的应力(N/m^2)

(3) 典型工况断索后的应力和位移图

① 工况 11:断索单元编号 I,见图 4-74 和图 4-75 所示。

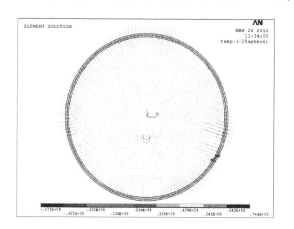

图 4-74 断索后的应力图(N/m^2)

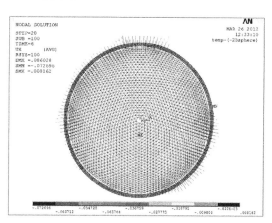

图 4-75 断索后的径向位移(m)

② 工况 12:断索单元编号 J,见图 4-76 和图 4-77 所示。

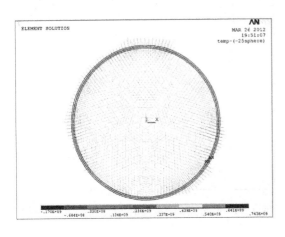

图 4-76　断索后的应力图(N/m²)

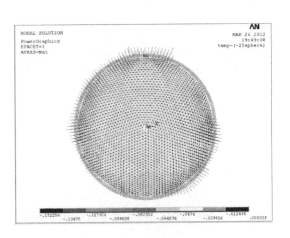

图 4-77　断索后的径向位移(m)

4.6.3　断索分析结论

(1) 面索断裂对整体结构的内力影响不大,对断索局部的拉索应力影响较大。断面索后,相邻面索应力呈现较大的不均匀,最大面索应力峰值达到 961 MPa(断索工况 10,主对称轴上最外面索断裂),小于拉索标称抗拉强度值;相邻下拉拉力下降,固定下拉索最小应力为 56 MPa(7.84 kN),调节下拉索的最小应力为 132 MPa(18.48 kN),仍处于受拉状态。

(2) 面索断裂对整体结构的变形影响也不大,对断索端点的位移影响较大。断面索后,端节点沿球面径向的位移在工况 1 时达到 38 mm,其他工况都在 10 mm 之内;沿断索方向的位移在工况 1 时达到了 150 mm,其他工况都在 65 mm 以内。

(3) 下拉索断裂对整体结构的受力影响也不大,对相邻面索应力有一定影响。断下拉索后,相连面索的应力降低约 100 MPa 以内,仍处于受拉状态。

(4) 下拉索断裂对局部径向位移影响大,最大径向位移达到 517 mm(工况 5),稳定后的位移也有 330 mm;工况 12 和 13 的径向位移峰值也达到了 200 mm 左右。

总之,断索对局部影响较大,对整体影响较小,分析工况中未出现连续断索现象;断面索对相连面索应力和断索方向位移影响较大,断下拉索对局部径向位移影响较大。

4.7　钢桁架柱和钢圈桁架的节点设计

4.7.1　节点概况

节点位置示意图见图 4-78 所示,钢桁架柱和钢圈桁架的节点概况见表 4-25 所示。

表 4-25　钢桁架柱和钢圈桁架的节点概况

结构	部　位	节点形式
钢桁架柱	立杆连接	柔性法兰盘
	腹杆与立杆连接	销轴连接
	斜杆与立杆连接	焊接球节点+柔性法兰盘
	柱顶	焊接球节点+柔性法兰盘+径向滑动支座
钢圈桁架	滑移单元内部连接	相贯节点
	滑移单元之间连接	内法兰盘

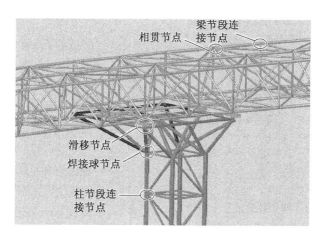

图 4-78　节点位置示意图

4.7.2　钢桁架柱的节点

1) 立杆连接——柔性法兰盘

根据钢桁架柱的安装方法,钢桁架柱的主立杆采用法兰盘连接(图 4-79)。

目前,在输电塔(包括一些其他的塔桅结构)中,常用的有:无加劲肋法兰(图 4-80)和有加劲肋法兰(图 4-81)。无加劲肋法兰简称柔性法兰,有加劲肋法兰简称刚性法兰。这两种法兰有个特点,就是在法兰盘上布置了一圈螺栓。螺栓主要传递拉力,是受拉控制。经过多年来的研究和应用,这两种法兰的计算方法和工程应用越来越成熟,现在已成为国内钢管塔的主要连接节点形式。

有加劲肋法兰盘在节点处用一对环形法兰板连接,钢管与法兰板用焊缝焊接,法兰板之间用一圈螺栓连接。为了保证节点的刚度,沿钢管焊接若干小肋板。有加劲肋法兰的承载力大,刚度大,变形小,连接可靠。有加劲肋的法

图 4-79　法兰盘连接的工程照片

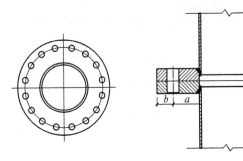

图 4-80 无加劲肋法兰盘构造

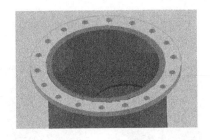

图 4-81 有加劲肋法兰盘构造

兰往往由于加劲肋较密而给施工带来诸多不便：①密集的焊缝增加了很大的工作量；②加劲肋的阻挡给拧螺栓带来一定的困难；③焊接变形使法兰盘翘曲，平整度降低而难以使法兰板面完全密合；④过多的焊缝会产生大量的焊接残余应力，降低了法兰节点的承载力，给节点的安全带来隐患；⑤由于加劲肋的存在，外形不美观。鉴于以上不利因素，无加劲肋法兰就被提出来了。

无加劲肋法兰与有加劲肋法兰相比，去掉了加劲肋板，螺栓布置更密而且可以更加靠近钢管管壁，这样可以减小法兰板尺寸，使得无加劲肋法兰外形简洁美观，同时制作与安装方便，受力明确。

本工程中钢桁架柱柱身节段之间就采用柔性法兰连接(图 4-82)，连接点选在节点向上 1 m 处。

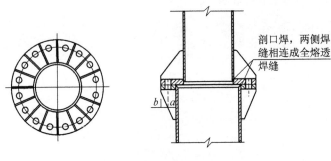

图 4-82 立柱法兰盘连接节点示意图

2）立杆与腹杆之间连接——销接

腹杆与立杆之间采用节点板销接，环板适当加强，见图 4-83 所示。

3）斜杆与立杆连接节点——焊接球节点

在斜杆与立杆连接处设置一个焊接球节点，焊接球节点上的短肢分别与立杆、斜杆通过法兰盘连接，见图 4-84 所示。

4）柱顶节点——焊接球节点＋法兰盘＋径向滑动支座

柱顶节点的示意图及滑移支座示例见图 4-85 所示。

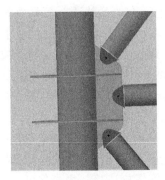

图 4-83 腹杆与立杆销接的节点示意图

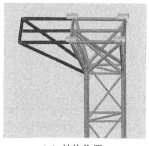  

（a）结构位置　　　　　　（b）局部大样示意图　　　　　　（c）示例

图 4-84　焊接球节点

（a）示意图　　　　　　　　　　（b）滑移支座示例

图 4-85　柱顶节点

4.7.3　钢圈桁架的节点设计

钢圈桁架的主要节点采用相贯节点,而滑移单元之间的连接采用内法兰盘(图 4-86)。

（a）内法兰盘示意1　　　　　（b）内法兰盘示意2　　　　　（c）示例

图 4-86　钢圈桁架的内法兰盘节点示意图

4.8　索网连接节点

4.8.1　连接节点构造

FAST 工程索网的节点与 6 根面索、6 个反射面单元及 1 根下拉索相连。连接节点设计应考虑节点的重量、受力、强度、刚度等指标,并充分考虑加工、安装施工及后期可能的换索的便利性,对原节点形式(图 4-4)予以优化。

1)材质

选用高强高性能 42 CrMo 合金钢,其力学性能如表 4-26 所示:

表 4-26   42 CrMo 的力学性能(截面<80 mm)

牌号	抗拉强度 σ_b (MPa)	屈服点 σ_s (MPa)	断后伸长率 δ_5 (%)	断面收缩率 φ (%)	冲击吸收功 A_{ku2} (%)
42 CrMo	≥1 080	≥930	≥12	≥45	≥63

2)索头连接件形式

为避免应力集中,提高索头连接件的抗疲劳性能,减轻重量,将叉耳式改为单耳式,且将关节轴承设置在单耳销孔内,见图 4-87 所示。

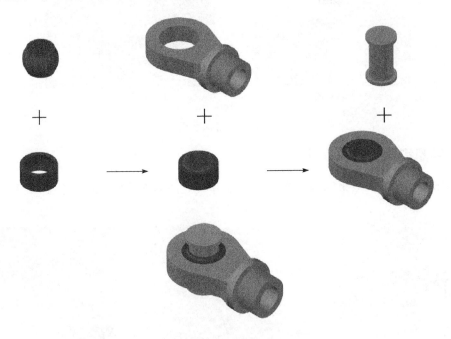

图 4-87   单耳板索头(20.9 kg,含轴销)

3)连接节点

采用装配式(非焊接)的节点形式,其构成包括:上圆板、下圆板、中空圆柱、上螺母和下螺母。上、下圆板上设置三种孔:拉索销孔、换索孔和中心孔;中空圆柱的上端设外螺牙,下端设内、外螺牙,见图 4-88 所示。

通过上、下螺母将上、下圆板固定在中孔圆柱上,上、下圆板与中空圆柱之间紧密配合;背架节点通过外螺牙固定在中空圆柱的上端;下拉索的连接耳板通过内螺牙固定在中空圆柱的下端,见图 4-89 所示。

优化后的索头连接件和节点具有以下优点:

(1)单耳式索头连接件,减少了应力集中现象,提高了抗疲劳性能,从而可减少尺寸,降低

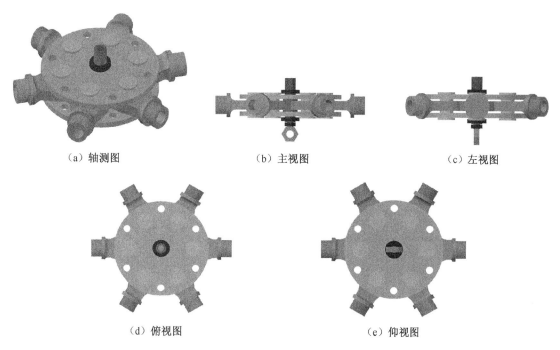

（a）轴测图　　　　　　　　（b）主视图　　　　　　　　（c）左视图

（d）俯视图　　　　　　　　　　　（e）仰视图

图 4-88　节点 OVM. ST15-7JD 优化示意图

重量,同样也有利于连接节点。

（2）圆板分为上、下两块,减少了单块厚度,提高了强度和抗弯性能。

（3）上、下圆板上的换索孔布置在圆板的外沿,既方便换索时工装索的临时锚固,也可减轻重量。

（4）上、下圆板和中空圆柱之间紧密配合,之间通过上、下螺母固定,有利于上、下圆板的对位和安装。

（5）连接节点各组件之间,以及连接板与背架、面索和下拉索之间均为装配式连接,无焊接,方便安装;布局紧凑合理,尺寸小,重量轻;连接节点各组件均便于机械加工,无需铸造。

以节点 OVM. ST15-7JD 为例,在满足 1.0 倍拉索标称破断力作用下节点处于弹性应力状态,2.0 倍拉索标称破断力作用下节点不破坏的设计原则下,详见图 4-89 所示,节点重量见表 4-27 所示。可见连接节点的重量为 85.6 kg,小于 100 kg。

表 4-27　OVM. ST15-7JD 优化后的节点重量

OVM. ST15-7JD 组件	连接节点			下拉索连接耳板	面索索头连接件
	上、下圆板	上、下螺母	中空圆柱		
重量/kg	79.6	1.6	4.4	1.8	20.9×6 $=125.4$
	85.6				

注:密度以 7.85 t/m³ 计。

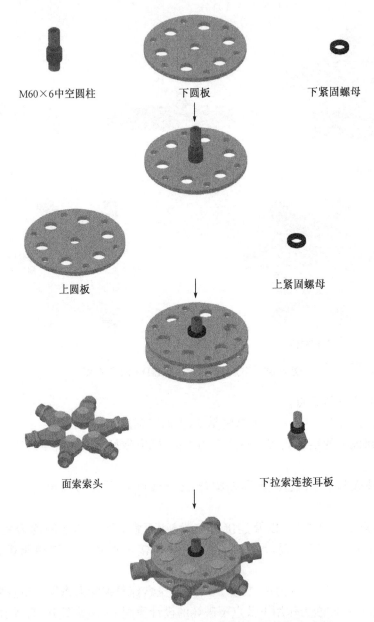

M60×6中空圆柱 下圆板 下紧固螺母

上圆板 上紧固螺母

面索索头 下拉索连接耳板

图 4-89 节点 OVM.ST15-7JD 组件及组装顺序示意图

4.8.2 连接节点承载力分析

1) 分析软件和方法

采用 ANSYS 软件进行实体有限元模型的弹塑性分析。节点材料的力学性能见表 4-26 所示,初始弹性模量为 2.06×10^5 MPa,屈服后的弹性模量为 6.18×103 MPa,泊松比为 0.3。

2) 分析简图

分析简图见图 4-90 所示,拉力考虑竖向 5°的偏转角。由于上、下板各承受一半的竖向力和水平力,因此取一块板进行有限元分析(图 4-91)。

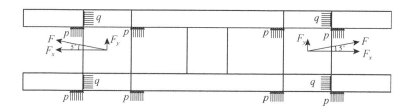

图 4-90　分析简图

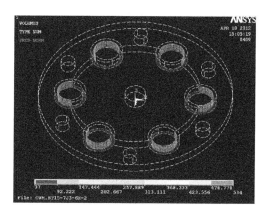 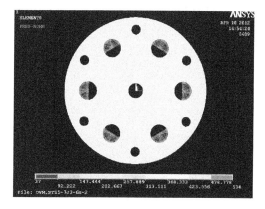

图 4-91　有限元分析模型

3）承载力分析结果

分别在 0.4、1.0、1.5 和 2.0 倍标称破断力的作用下,节点的最大等效应力、竖向位移和销孔径向位移见表 4-28 及图 4-92～图 4-98 所示。可见:

(1) 在径向力和竖向力的共同作用下,在销孔承压侧和中心受拉面存在较大的应力。

(2) 在 2.0 倍拉索标称破断力范围内,最大竖向位移和销孔最大径向位移与拉力基本呈线性关系。

(3) 在 1.0 倍拉索标称破断力的作用下,连接板处于弹性应力状态,最大等效应力接近屈服强度。

(4) 在 2.0 倍拉索标称破断力的作用下,连接板最大等效应力尚未达到抗拉强度。

总之,该连接板能满足在 1.0 倍拉索标称破断力作用下处于弹性应力状态,极限承载力能达到 2.0 倍拉索标称破断力。

表 4-28　应力和位移统计表

工况号	拉力	最大等效应力 （MPa）	最大竖向位移 （mm）	销孔径向位移 （mm）
1	0.4×标称破断力	479.441	1	0.182 124
2	1.0×标称破断力	916.668	2.524	0.457 463
3	1.5×标称破断力	942.275	4.103	0.779 354
4	2.0×标称破断力	1 032	7.479	1.612

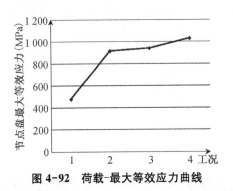

图 4-92　荷载-最大等效应力曲线

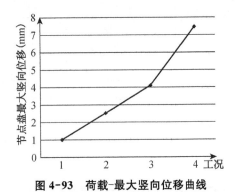

图 4-93　荷载-最大竖向位移曲线

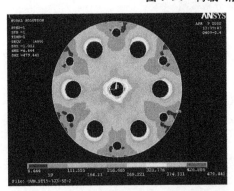

图 4-94　荷载-销孔最大径向位移曲线

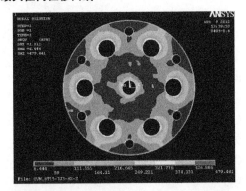

图 4-95　0.4 倍标称破断力下的节点等效应力图(MPa)

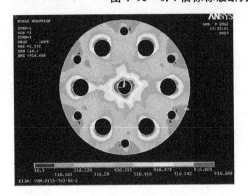

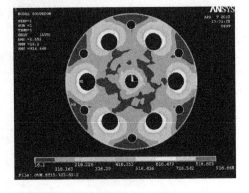

图 4-96　1.0 倍标称破断力下的节点等效应力图(MPa)

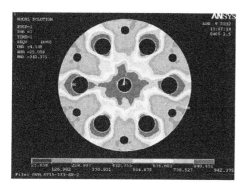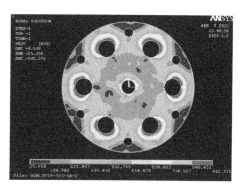

图 4-97　1.5 倍标称破断力下的节点等效应力图(MPa)

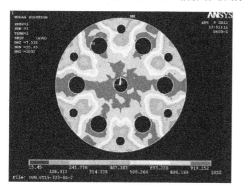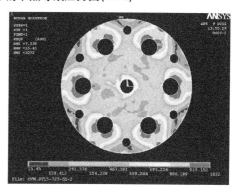

图 4-98　2.0 倍标称破断力下的节点等效应力图(MPa)

4.9　小结

(1) FAST 索网采用高强度预应力钢绞线束——OVM. ST 型高应力幅拉索体系,其优化采用容许应力法设计。基于 FAST 反射面索网为形控结构,根据标准球面基准态和抛物面工作态的位形特性以及主动变位工作要求,进行标准球面基准态优化分析:首先确定下拉索初张力值和面索初应力上、下限值;其次通过找力分析确定面索初张力后,以初应力接近上限为原则确定面索截面规格。

优化方法符合 FAST 索网工作特点,简便直接,优化结果保证了在标准球面基准态下拉拉力的一致性,且面索应力和下拉拉力在最不利工况的峰值和谷值基本是关于标准球面基准态对称的。

优化分析中精确施加实际拉索、连接板和背架重量,并采用加权平均的综合弹性模量作为面索网拉索的弹性模量,以综合考虑索头和连接板的刚化效应。在面索弹性模量和容许应力一定的条件下,为避免最不利工况的过低下拉拉力影响主动变位工作,需要提高下拉索和面索的初张力,这只能通过维持面索初应力水平,增大面索截面积来实现。

周圈钢桁架采用滑动支座和较低刚度,减小了工作时索网内部拉力的变化幅度,但增大了索网边缘下拉拉力变化幅度。为避免不利影响,可采取措施:边缘下拉索张拉固定后不参与主动变位、周圈钢桁架沿径向预偏安装。

基于 FAST 索网工作特点和荷载条件,可将拉索安全系数从 2.5 调整至 2.0,从而可提高钢索容许应力和面索初应力上限,减少面索及其连接板的工程量,改善面索和下拉索的内力状况。

采用碳纤维面索可在拉索中储存更多的应变能,减小工作时面索应力和下拉拉力的变化,另外碳纤维索自重很轻,可大大减少面索初张力和周圈钢结构内力。从力学性能方面看,碳纤维索是适合 FAST 索网结构的。

(2)滑动钢圈桁架优化设计中假定忽略滑动支座的摩擦力、抗滑移刚度以及塔柱的影响,在满足长细比和承载力要求的前提下,以构件自重最小为优化原则,进行滑动钢圈桁架优化设计。在标准球面基准态,利用千斤顶主动张拉周边下拉索就位固定;之后,FAST 工作时周边下拉索不再主动变位。优化设计结果表明:钢圈桁架滑动与边界全约束条件对比,面索应力变化幅值减少 62 MPa,调节下拉拉力变化幅值减小了 7.1 kN,而且最大值都有所降低,最小值都有所提高。若将索网去除,钢圈桁架反变形的最大径向位移为 184.2 mm,最大竖向位移为 9.4 mm,此状态可指导确定钢圈桁架的安装位置。另外,考虑到制作和施工因素,尚应对杆件规格予以通配调整,从而钢圈桁架的用钢量和刚度都会有所提高。

(3)通过运用结构模型、刚度矩阵和质量矩阵等分析方法对结构进行模态分析,并得出结构前 10 阶自振频率和周期;通过风振时域动力分析,确定结构的整体风振系数;然后采用整体风振系数,通过静力分析,确定结构工作时的风压和风速限值;采用瞬态动力分析模拟断索的动力过程进行典型拉索失效后对整体结构的影响分析,得出断索对局部影响较大,对整体影响较小,分析工况中未出现连续断索现象;断面索对相连面索应力和断索方向位移影响较大,断下拉索对局部径向位移影响较大。

(4)根据钢桁架柱和钢环梁的安装方法,对不同的部位进行节点形式优化,采用了柔性法兰盘、销轴连接、焊接球节点、相贯节点、内法兰盘等不同的节点形式,从而方便制作和施工。

(5)FAST 工程索网的节点与 6 根面索、6 个反射面单元及 1 根下拉索相连。连接节点设计应考虑节点的重量、受力、强度、刚度等指标,并充分考虑加工、安装施工及后期可能的换索的便利性,对原节点形式予以优化。

5 FAST 反射面索网结构施工技术

FAST 反射面索网结构包括索网和周圈钢构,其中索网由面索网和下拉索构成,周圈钢构由桁架钢圈梁和格构钢柱构成。

5.1 周圈钢构的施工方法

5.1.1 工程概况

索网周边结构由 50 根格构柱＋内径 500 m 钢管桁架圈梁组成。由于主索网呈五边对称,因此圈梁结构也是关于圆心五边对称,以 72°弧长段为对称段,圈梁由格构柱支承。

圈梁单元格根据主索网节点布置,在一个对称段内共 60 个单元格,每 2 个单元格间有一个拉索节点。控制圈梁单元段长度为 5～6.5 m 以提高构件材料的利用效率。格构柱在每对称段中有 10 根,根据柱高改变柱尺寸大小,以调节结构整体刚度,共有四种柱尺寸。

工程概况图见图 5-1 至图 5-5 所示。

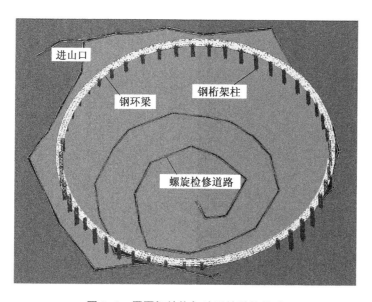

图 5-1　周圈钢结构与地形的整体关系

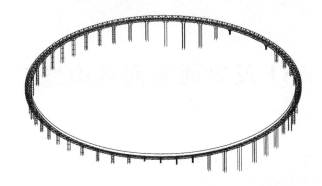

图 5-2　周圈钢结构三维视图

图 5-3　周圈钢结构立面图

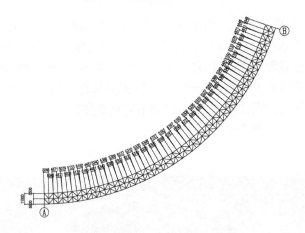

图 5-4　圈梁上弦对称段示意图

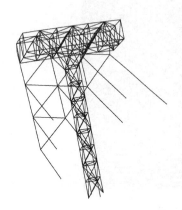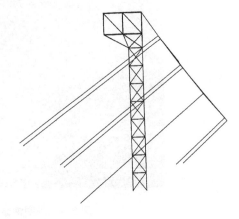

图 5-5　格构柱示意图

5.1.2　施工重点和难点分析

本工程周圈钢结构总重量为 3 143.793 t。尽管钢结构总量不大，但鉴于本工程的特殊性，处于山区，地形复杂，结构直径大，桁架柱子高，安装精度要求高，因此运输和现场安装的措施费用高。

1）场外运输

贵州地貌以高原山地为主，平均海拔在 1 100 m 左右，是一个海拔较高、纬度较低、喀斯特地貌典型发育的山区。从贵阳市区到 FAST 所在地，多为盘山公路，因此构件不能从工厂大单元运至施工场地，只能进行杆件运输。

2）场内运输

场内盘旋施工临时道路路面宽度 3.5 m，亦使得大型吊装设备不能进场内。

3）钢桁架柱的安装

由于上述运输条件的限制，桁架柱只能杆件在设计位置上散拼。另外，钢桁架柱杆件运输到设计位置基础处，也存在困难。因为部分设计位置距场内盘旋临时道路水平距离较远。如图5-1所示，钢桁架柱与盘旋临时道路水平距离均在 30 m 以上。场内施工临时道路平面图见图 5-6 所示。

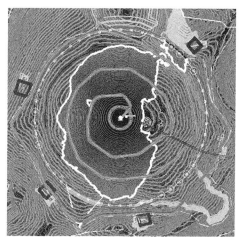

图 5-6　场内施工临时道路平面图

4）钢桁架圈梁的安装

常规的满堂脚手架施工方法由于场地特殊，使得满堂搭设很困难。即使搭设完成，杆件也很难运输到设计位置进行拼装。

5）安装精度控制

设计节点均为焊接相贯节点，焊接量巨大，对工期和质量都会造成较大影响。焊接收缩变形也会对结构的位形控制造成影响。

5.1.3　周圈钢结构总体施工方法

钢桁架柱采用悬臂抱杆进行分节段高空拼装。钢环梁采用分节段滑移方法进行施工。

5.1.3.1　钢桁架柱施工方法

电力工业常见的拉线输电铁塔，其构造与本工程的钢桁架柱有相同之处。拉线铁塔常采用人字倒落式抱杆整体组立,特殊情况下也可采用分解组立。各种形式的自立式铁塔宜采用分解组立方法,见图 5-7 所示。推荐的分解组立方法有:

(1) 内悬浮内拉线、内悬浮外拉线或外抱杆分解组塔。

(2) 落地摇臂抱杆或内悬浮带摇臂抱杆分解组塔。

(3) 吊车与抱杆进行混合吊装分解组塔。

本工程可以结合拉线输电铁塔施工的内悬浮内拉线分解组立方法,在钢桁架柱内设一主抱杆,利用抱杆上的电动葫芦吊装散件进行拼装,该方法有效地解决了垂直提升设备的问题,使施工设备常规化、简单化,避免了采用塔式吊机等大型设备运输和安装的困难。

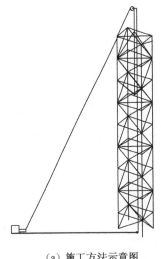 

(a) 施工方法示意图 　　　　　　　　　　　　(b) 类似工程照片

图 5-7　内悬浮内拉线分解组立方法

5.1.3.2　钢环梁施工方法

顶推施工在桥梁施工中比较普及,但顶推施工的大跨度曲线连续梁桥在国内较为罕见,甘肃省境内的太平沟大桥是国内连续顶推,曲线箱梁全长 358.8 m,箱梁采用单线多点曲线顶推施工架设。

钢进山口处三维示意图见图 5-8 所示,环梁的施工步骤的示意图见图 5-9 所示。

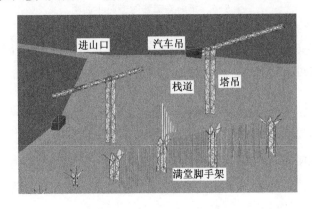

图 5-8　进山口处三维示意图

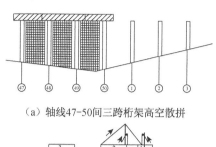

（a）轴线47-50间三跨桁架高空散拼

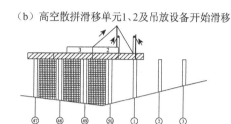

（b）高空散拼滑移单元1、2及吊放设备开始滑移

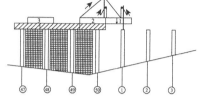

（c）滑移单元1滑移到位,开始吊放滑移
　　单元3高空拼装

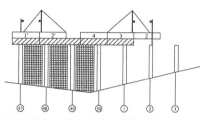

（d）滑移单元1吊放到位,滑移单元2、3对接

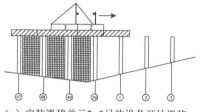

（e）安装滑移单元2、3吊放设备开始滑移

（f）滑移单元2滑移到位,拼装滑移单元4;
　　拼装反向滑移单元1′、2′

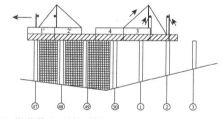

（g）滑移单元2吊放到位,反向滑移单元1′、2′开始滑移

图 5-9　钢圈桁架顶推滑移安装步骤示意图

5.2　索网的施工技术

5.2.1　索网施工特点

　　FAST 为超大型主动形控科学仪器,规模尺度大,结构形式特殊。反射面支承索网结构连接在周圈钢环梁上,由 6 000 多根面索和 2 200 多根下拉索组成,其中面索的长度均为 11 m 左右,而下拉索的长度在 4 m 至 60 m 之间不等。FAST 建设场地在贵州山区,基础施工完毕后预留 3.5 m 宽的盘山公路,仅在球面底部有较为平坦的场地,球面上部均为陡峭的山体,因此,无法统一在满堂支承塔架平台上安装。另外,由于地面场地非常粗糙,在索体保护的要求下,

不能在地面上进行组装之后再整体提升。索网离地面距离在 4 m 至 60 m 之间,并且索网施工前周边钢环梁已经施工完毕,因此,考虑借助周边钢圈梁结构进行索网安装。

由于在施工的过程中,存在拉索在地面无法展开、无法在全场搭设支承塔架、重型吊装设备难以进入场内、高空作业量大等问题。因此,考虑在球面底部较为平坦的部位采用独立塔架原位拼装索网;其他部位利用导索、牵引索、施工便道、挂篮等,采用累积牵引扩展的施工方法,在空中安装索网。

施工精度的控制问题是施工方案制定中面对的重要问题。FAST 反射面支承索网结构是由 8 000 多根拉索组成的纯索网结构,其中面索长度较均匀,约 11 m,根数多达 6 000 多根,而下拉索的长度差异则较大,从 4 m 到 60 m 不等,索网所组成的球面面积约为 252 456 m²。索网最终成型精度受拉索制作长度、钢环梁安装精度和连接节点精度、现场温度等多因素影响。根据招标文件,拉索施工控制精度要求严格。针对施工过程中可能存在的精度控制问题,必须提出相应的应对之策。

(1)对于组成索网的大量拉索,在现场难以由工人调节索长误差,并且一旦结构安装完成,难以对索网再进行大规模的调整。为此,必须通过准确的计算分析来确定拉索的下料长度,使拉索索长调节均在拉索制作厂内精确完成,在施工现场不再调整,从而避免现场安装工人的人为误差。同时,拉索从工厂制作到现场安装,全过程进行精度控制,确保一次安装到位。

(2)钢环梁的施工过程中,在焊接、安装、定位、滑移等过程中,不可避免地会产生一定的误差。对此,可在与钢环梁连接的面索中设置调节装置,便于调节钢环梁的安装误差。

(3)索网产生的拉力是通过连接耳板传递到钢环梁上,因此耳板的安装精度对索网的成型和受力有着直接的影响。为此,在主索端头的连接节点板上,预置调索孔,便于对个别主索进行二次调整,以及使用阶段的换索。

(4)由于索网本身属于柔性结构,对温度变形不敏感,所以现场温度的影响主要体现在对周圈钢环梁上,而钢环梁是通过耳板来锚固面索的,所以,温度的影响可以归结为连接节点安装精度的问题。

5.2.2 索网总体施工方案

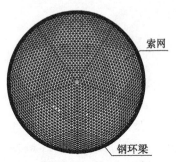

图 5-10　FAST 结构布置图

FAST 反射面支承索网结构整体呈五轴中心对称(图5-10)。施工方案的制定应充分考虑到结构的对称性,并以此作为依据制定符合本工程特点的方案。整个索网按照分批次、基本对称的原则进行施工,索网拉索按照无应力长度安装,通过施工千斤顶初步张拉下拉索,再调整促动器最终成型。

5.2.2.1 施工顺序

根据工程实际情况,本工程索网结构按对称轴划分为五个施工区域,五个施工区域同时施工。在每个施工区域,原则上首先安装对称轴位置的拉索,然后顺序向两侧对称轴方向扩展安装(图5-11)。

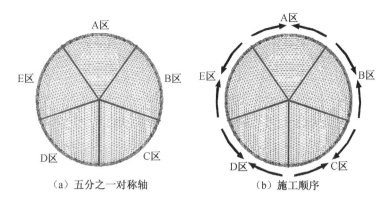

（a）五分之一对称轴   （b）施工顺序

图 5-11 索网总体施工顺序

由于 FAST 索网结构索面与地面距离不等，整个索面，以下拉索长度估计，索面与地面距离近半数小于 5 m（约 1 077 根下拉索长度小于 5 m），这些下拉索的分布如图 5-12 所示。

为减少高空作业量，同时加快施工进度，考虑对索网节点距地面高度不大的区域实行独立塔架安装的施工方式。关于网底支承塔架安装区范围的选择，原则上应选择尽量大的范围，因为这样可以加快施工进度，减少高空作业，同时能保证索网的安装精度。但是由于整个施工过程时间跨度相对较长，若采用太多的支承塔架的话，会大大增加支承塔架的租赁成本，进而增加整个施工措施费，因此考虑到施工成本的控制问题，同时兼顾施工的可行性和施工进度的问题，本书取中心四环作为网底支承塔架安装区（图 5-13）。

在网底支承塔架安装区处，塔架底部安装可调托座来调节各立杆高度，以适应地形，塔架顶部可铺设脚手板作为索网安装平台，并根据节点位置的不同将平台调整不同的角度。

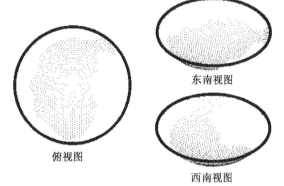

图 5-12 长度小于 5 m 下拉索分布示意图

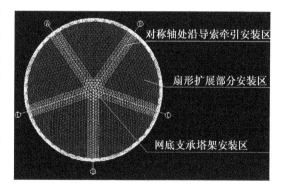

图 5-13 索网安装区域划分图

5.2.2.2 施工过程

根据 FAST 反射面支承索网的结构特点和场地条件，本书将整个索网分为三种安装区域（图 5-13）：网底支承塔架安装区、对称轴处沿导索牵引安装区、扇形扩展部分安装区。对应的将施工过程分为三个阶段：

（1）网底支承塔架安装区阶段

首先在索网节点位置处搭设支承塔架，塔架高度高于节点球面成型高度 300 mm，然后安装节点和面索，最后安装下拉索，将促动器从球面成型位置处伸长 300 mm，与下拉索连接。

（2）对称轴处沿导索牵引安装区阶段

首先在每条对称轴处搭设导索，同时在网底支承塔架安装区外围搭设用于组装索网的工作平台；接着搭设牵引索，将牵引索与已近组装完成的索网相连并沿导索向上牵引，牵引一个网格的距离后再在工作平台上组装下一网格的索网，然后再牵引一个网格的距离，依此往复循环直至牵引到位。

（3）扇形扩展部分安装区阶段

首先搭设猫道和溜索，然后搭设导索、牵引索和工作平台。将节点板和拉索由圈梁沿溜索送到工作平台处，在工作平台上进行组装，接着将牵引索与已近组装完成的索网相连并沿导索向上牵引，牵引一个网格的距离后再在操作平台上组装下一网格的索网，接下来再牵引一个网格的距离，依此往复循环直至牵引到位。然后将导索沿猫道向上移动一个网格的间距后重新锚固，重复上述过程。

等到索网全部安装就位以后，拆除临时设施，通过收紧促动器张拉下拉索。

施工过程如图 5-14 所示。

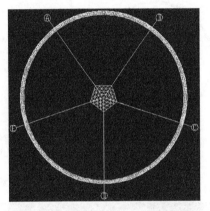
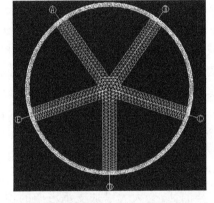

（a）利用塔架安装坡度平缓区域索网　　（b）架设导索牵引对称轴区域索网

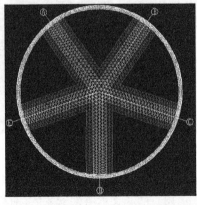
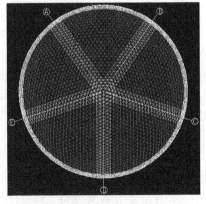

（c）利用导索、挂篮安装扩展区域索网　　（d）完成索网安装

图 5-14　索网结构施工过程平面示意图

以五分之一索网结构为例，钢环梁施工完成之后，搭设塔架安装底部平缓区域索网；接着架设对称轴处的五根导索和牵引索，牵引安装对称轴处索网；然后扩展完成索网的安装。其施

工过程如图 5-15 所示。

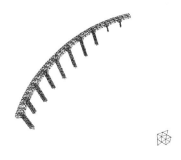

（a）网底支撑塔架安装区索网

（b）对称轴处沿导索牵引安装区索网

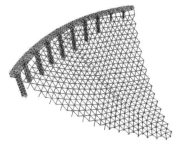

（c）扇形扩展部分安装区索网

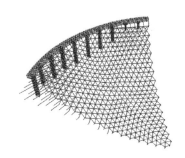

（d）完成索网安装

图 5-15　索网结构施工过程轴测图

1）网底支承塔架安装区索网施工

网底支承塔架安装区范围的确定应从施工方便性、施工进度、施工成本等各方面综合进行考虑。从施工方便性和施工进度的角度来考虑的话，应尽可能大范围内采用支承塔架原位安装，因为这样可以加快施工进度，减少高空作业，同时能保证索网的安装精度。但是由于整个施工过程时间跨度相对较长，若采用太多的支承塔架的话，会大大增加支承塔架的租赁成本，进而增加整个施工措施费，因此考虑到施工成本的控制问题，同时兼顾施工的可行性和施工进度，本书取中心四环作为网底支承塔架安装区（图 5-16）。网底支承塔架安装区完成图见图 5-17 所示。

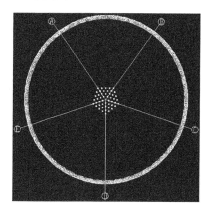

图 5-16　网底支承塔架安装区

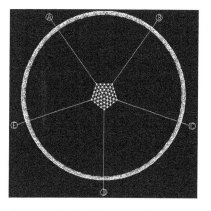

图 5-17　网底支承塔架安装区完成图

首先,在索网结构中间四环搭设支承塔架,每个支承塔架对应一个索网节点。塔架高度高于节点球面成型高度 300 mm。为了应对施工场地不平整和节点在索网成型时不水平等问题,特别将塔架上端面设计成角度可调节的形式,下端安装可调托座(图 5-18)。

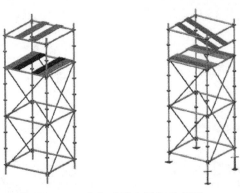

图 5-18　盘扣式独立塔架示意图

然后,将节点板通过手拉葫芦吊到塔架顶端,接着安装面索和下拉索,如图 5-19 所示。

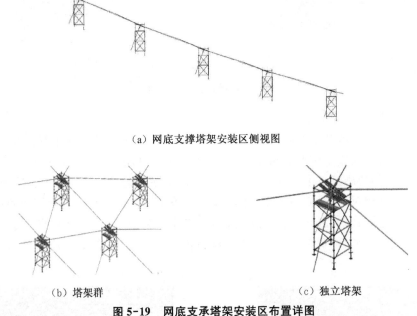

（a）网底支撑塔架安装区侧视图

（b）塔架群　　　　　　　　　　　（c）独立塔架

图 5-19　网底支承塔架安装区布置详图

在中间四环区域内,共有 50 个节点,且所有节点对应的下拉索的长度均在 4.5 m 左右,因此所有的塔架可以采用一种标高,然后通过塔架底部的可调托座进行微调,以适应地面标高的微小差异。

在塔架的设置过程中应充分考虑到地形和气候问题等因素,若存在地面倾斜角度过大或季风影响较大等问题,应加设缆风绳,以保证塔架的稳定性,从而确保施工过程的顺利进行。

2) 对称轴处沿导索牵引安装区索网施工

靠近钢环梁位置处的地形陡峭,索网离地高度达到 60 m 左右,倾斜角度达到 55°左右,若采取如网底支承塔架安装区的施工方法,会导致塔架高度过高,同时引起塔架底部锚固稳定性、塔架自身的受压稳定性、缆风绳的设置等一系列不可避免的问题,因此不能采用支承塔架的方案。

FAST 是高精度天文仪器,其工作性能直接影响到天文观测的效果,同时由于拉索本身的制作成本很高,换索费用不菲,因此在施工过程中对拉索有着严格的保护要求,索网在施工过程中不允许拖地。若在地面铺设保护面层的话,会由于铺设面积过大,而引起施工措施费急剧增加等问题,同时,大面积索网的提升也存在周边索网应力过大、提升机具数量过大、提升设备要求过高等问题,所以,不能采用原位拼装再整体提升的方案。

常规的索网结构的施工方法在本工程中不具备可行性,本书借鉴了桥梁施工的方法。在悬索桥施工中,在索塔施工完成后会先架设导索,然后通过导索来牵引安装主索和施工便道索,在整个过程中,导索起着连接的作用。同样,导索设置牵引系统后,在山区索道和缆车中也有着广泛的应用。

对称轴处沿导索牵引安装区索网施工,即在每个五分之一对称轴布置一根,左右各布置一根,导索上端连接在外圈钢桁架下弦节点上部 500 mm,下端与对应中部塔架安装区域的外围节点板相连。在网底支承塔架安装区外围搭设一圈安装操作平台用于被牵引索网的组装工作。搭设牵引索,牵引索上端与钢环梁的下弦相连,下端与已近组装完成的索网相连并沿导索向上牵引,牵引一个网格的距离后再在工作平台上组装下一网格的索网,然后再牵引一个网格的距离,依此往复循环直至牵引到位,导索布置图见图5-20所示。

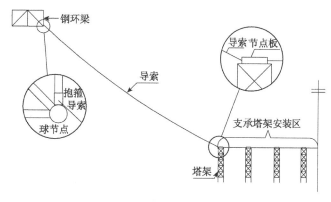

图 5-20 导索布置图

首先在对称轴处架设五道施工导索和相应的牵引索,在索网底部操作平台上组装对称轴处的五道索网,牵引过程与索网组装过程交替进行,直至索网牵引到位;然后放下下拉索并和促动器连接,具体过程如图 5-21 所示。

3) 扇形扩展部分安装区索网施工

扩展部分安装区的索网中,与五分之一对称轴轴线平行的索称为径向索,其余称为环向索。如图 5-22 所示,沿导索牵引安装径向索时,每根导索需平行于轴线,而且随着拼装的进行,导索需向上逐渐平移,导索长度逐渐缩短,导索下端不能再固定在独立塔架上,且导索上端连接的移动塔架也需逐步调节位置。为此,提出了在径向索交点的连线处设置一根猫道,作为导索的下锚固点。在 25 条导索以外的部分由于没法沿导索进行牵引施工,必须提出特殊的施工方法来解决扇形扩展部分安装区索网的安装问题。

由图 5-23 可见,扩张部分安装区的索网径向是与邻近的轴线平行,同时交点逐渐远离索网中心,而不是通过索网中心处。这就要求沿导索牵引施工时,每根导索也必须平行于轴线,并且随着拼装的进行,牵引导索必须逐渐缩短,而不是固定在索网中心处,长度不变。为此,本书提出在径向索交点的连线处设置一根猫道,作为导索的下锚固点,导索的上端固定在钢环梁的下弦节点上 500 mm 处。

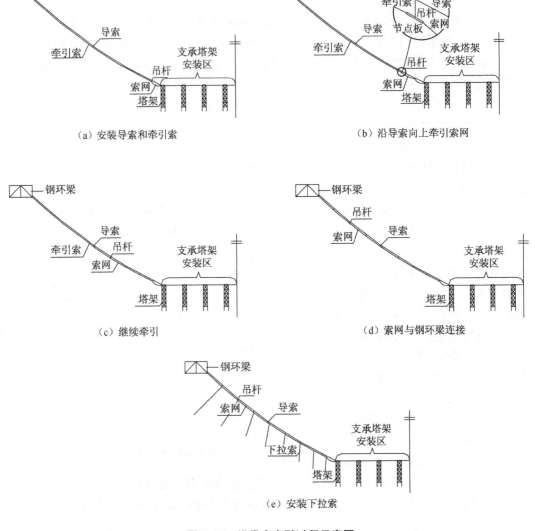

（a）安装导索和牵引索　　　　　　　（b）沿导索向上牵引索网

（c）继续牵引　　　　　　　　　　（d）索网与钢环梁连接

（e）安装下拉索

图 5-21　沿导索牵引过程示意图

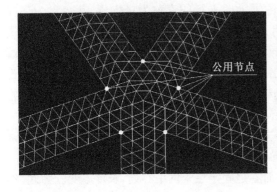

图 5-22　导索公用节点示意图

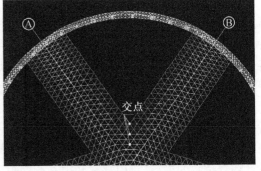

图 5-23　扇形扩展部分安装区局部详图

如图 5-24 所示,猫道上端固定于钢环梁上弦中环节点处,下端固定于支承塔架安装区外围的反力架上。猫道起运送工人、锚固导索的作用,猫道上面设置一道溜索用于运送拉索和节点。在猫道锚固点位置设置一个操作平台,用于拼装通过溜索运来的节点板和拉索,平台悬挂在猫道上。

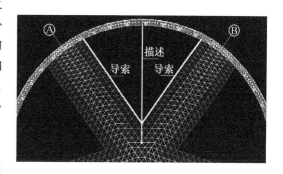

图 5-24　猫道与导索布置图

扇形扩展部分安装区索网施工过程如下:

(1) 将组装一个网格所需的节点和拉索通过圈梁运送到溜索位置处。

(2) 通过溜索运送到操作平台处。

(3) 在操作平台上拼装索网,将径向索、靠近轴向的环向索和下拉索组装起来,其中环向索和下拉索初步固定在导索上,使其沿导索一起滑移。

(4) 沿导索将平台上组装完成的索网向上牵引一个网格的距离。

(5) 重复步骤(1)~(4)直至牵引到位。

(6) 将环向索与已经拼装好的索网进行连接,将下拉索与促动器相连(具体过程见后文详述)。

(7) 完成一条径向索的安装以后,将导索和操作平台平移一个索网的距离。

(8) 重复(5)~(7)过程,直至安装完成。

其中,沿导索运输节点板和拉索的示意图如图 5-25 所示。扇形扩展部分安装区索网施工时,首先利用载索挂篮把径向主索和环向面索通过导索牵引到位,架设载人导索,如图 5-26 所示。

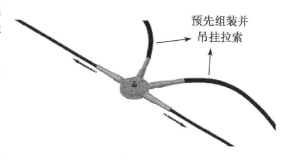

图 5-25　沿导索运输节点板和拉索的示意图

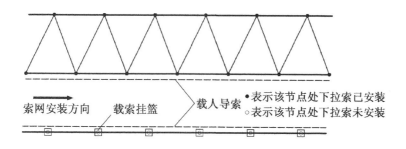

图 5-26　待安装索网区域

工人乘坐载人挂篮,沿载人导索行走到位,在两载人导索之间预先设置一条环向导索,用于牵引环向拉索。施工时由导索处的工人将环向拉索索头固定于环向导索,已安装索网处的工人将索头牵引过去并连接于已安装索网,完成该节点处的环向面索的安装,如图 5-27所示。

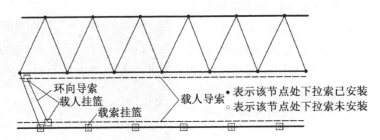

图 5-27　安装环向主索

已安装索网一侧的载人挂篮行走一个节点路程,就位后安装该节点处的环向面索,如图 5-28 所示。

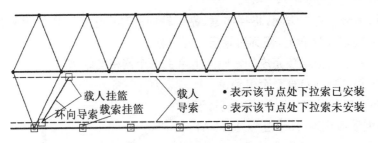

图 5-28　安装环向主索(续)

另一载人挂篮在行走前拆除该节点处的载索挂篮,并下放该节点的下拉索,地面工人把下拉索连接到地锚上;载人挂篮行走一个节点路程,就位后安装该节点处的环向面索,如图 5-29 所示。

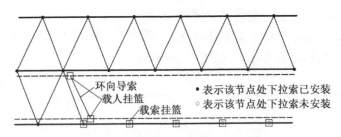

图 5-29　载索挂篮拆除、下拉索安装

重复上述几个步骤,直至待安装区域索网全部安装完毕,如图 5-30 所示。

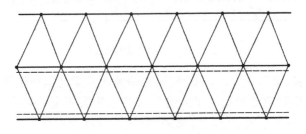

图 5-30　全部索网安装完毕

移走载索挂篮和载人挂篮的导索,继续安装扇形扩展部分安装区其他索网,如图 5-31 所示。

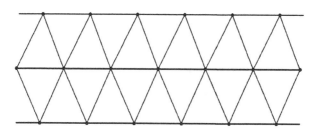

图 5-31　导索移除完毕

扇形扩展部分安装区索网施工过程中使用的载人挂篮及导索、载索挂篮及导索和索网安装立面示意图如图 5-32 所示。

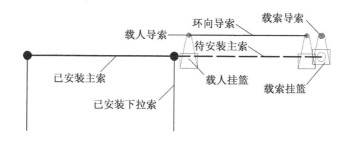

图 5-32　扇形扩展部分安装区临时设施示意图

5.3　索网施工理论与分析

5.3.1　理论分析概述

　　FAST 反射面索网支承结构在结构成型之前处于不稳定状态,这些问题使得施工过程分析变得尤为困难。为了掌握施工过程的位形内力状态,验算施工系统的安全性,需要进行施工过程的理论分析。同时,这可以为施工提供施工参数、为施工监测提供理论依据。

　　串联拉索沿导索空中累积滑移安装施工方法在牵引过程中,结构索及导索、牵引索等工装索的拉力和位形相互影响大,应进行牵引过程分析,掌握过程中各拉力和整体位形的变化规律,确定合理的施工参数,包括导索和牵引索的最大拉力、导索安装无应力长度(简称原长)等。施工过程分析涉及悬垂拉索、机构大位移和导索上的滚动滑移等。

　　支承塔架的施工,为确保施工过程中的安全性,必须对支承塔架安装区的独立塔架进行专门设计,并对独立塔架进行施工过程分析,从而制定安全可靠的施工方案。

　　本节对找形等相关基本理论进行介绍,并对导索等工装索在施工过程中的模拟问题进行详细研究。在分析串联拉索沿导索空中累积滑移安装过程时,通过一个算例计算,得到了在调整导索单元原长的策略下,分析效率的对比,以及不同导索原长的牵引滑移过程的分析对比。

5.3.2 施工过程分析基本理论与方法

针对索杆系施工过程分析,主要方法有:非线性静力有限元法、非线性力法、动力松弛法和非线性动力有限元法(简称 NDFEM)。

1) 非线性静力有限元法

非线性静力有限元法,是建立有限元模型,采用非线性迭代方法静力求解,确定静力平衡状态。为便于收敛,假定杆元运动轨迹或者设定趋向平衡位置的初始位移;对未施加预应力的松弛索元和不受力的桅杆的刚度不计入结构总刚,但将重量作为集中力作用在所连接的节点上[31]。

2) 非线性力法

非线性力法,是基于力法的非线性分析方法,能够分析包括动不定、静不定体系在内的各种结构形式,解决结构含机构位移、同时机构位移和弹性位移耦合的结构受力或形态分析问题。虽然力法较有限元位移法具有更广的适用性,但力法所建立的平衡方程中,平衡矩阵是不对称的满阵,和位移法建立的刚度矩阵为对称、稀疏阵相比,计算机计算能力要求更高,而且矩阵的奇异值分解所需的计算量比刚度矩阵的三角分解大得多[32-35]。

3) 动力松弛法

动力松弛法,通过虚拟质量和粘滞阻尼将静力问题转化为动力问题,将结构离散为空间节点位置上具有一定虚拟质量的质点,在不平衡力的作用下,这些离散的质点必将产生沿不平衡力方向的运动,从宏观上使结构的总体不平衡力趋于减小。在某一时间段之后,如果结构的总动能小于前一时刻的动能,则认为动能在某一时刻达到极值,所有速度分量被置为零,在当前不平衡力作用下重新开始振动,如此反复直至结构的动能趋近于零,即达到静力平衡状态。动力松弛法逐点(空间)逐步(时间)地进行平衡迭代,不需要形成整体刚度矩阵,不会造成误差累积[36-42]。

4) NDFEM 法

NDFEM 法是基于非线性动力有限元,通过引入虚拟的惯性力和粘滞阻尼力,建立运动方程,将难以求解的静力问题,转化为易于求解的动力问题,并通过迭代更新索杆系位形,使索杆系的动力平衡状态逐渐收敛于静力平衡状态。索杆系在分析前处于静力不平衡状态,在分析中处于动力平衡状态,在收敛后达到静力平衡状态,即索杆系由初始的静力不平衡状态间断地运动(非连续运动)至稳定的静力平衡状态[43-44]。

以下详细介绍索网结构非线性有限元分析法、NDFEM 法找形理论。

5.3.2.1 索网结构非线性有限元分析理论基础

对于非线性问题,力的平衡方程应建立在结构变形后的基础上。非线性问题一般可以分为两类:材料非线性和几何非线性。材料非线性是由材料的应力应变关系的非线性所致,由于本书考虑的索网结构的拉索在荷载作用下一般处于线弹性范围内,所以不用考虑结构的材料非线性。几何非线性的影响比较复杂,一般可以分为三种情况:大位移小应变、大位移大应变、大转角,其本质是位移与应变的非线性关系。索网结构具有明显的几何非线性特征[47],属于大位移小应变这种情况,在外荷载作用下索网结构会产生较为明显的位移变形,而拉索的应变却很小。索网结构在做相应的设计和分析时应该特别注意这种非线性变形对索网结构性能的影响。

索网结构在其平面外方向的刚度相对较柔,在外荷载的作用下的变形较大,非线性很明显。由于索网结构的刚度随其位移变形的变化而不同,即索网结构是一种变刚度结构体系,故而在对索网进行有限元计算分析时,必须考虑结构的大变形效应和应力刚化效应。

索网结构非线性有限元分析基本假定：

(1) 索之间的交叉节点为理想铰接节点。

(2) 索认为是完全柔性的，不能承受任何弯矩和压力。

(3) 索在受拉时材料仍处于线弹性阶段，即满足胡克定律。

(4) 结构仅受节点荷载作用，各索单元为直线单元。

(5) 节点荷载不随结构位形的变化而改变。

一、有限元平衡方程

在建立索结构非线性有限元分析的基本方程时，考虑以下两点几何非线性的影响：一是初始预应力对结构刚度的影响；二是大位移对结构平衡方程的影响。设 i、j 为索单元的两个节点，局部坐标系下索单元的坐标向量和节点位移列阵分别为

$$\boldsymbol{x}^e = (x_i \quad y_i \quad z_i \quad x_j \quad y_j \quad z_j)^{\mathrm{T}}, \quad \boldsymbol{u}^e = (u_i \quad v_i \quad w_i \quad u_j \quad v_j \quad w_j)^{\mathrm{T}}$$

则 $L = \sqrt{(x_j - x_i)^2 + (y_j - y_i)^2 + (z_j - z_i)^2}$ 为索单元长度，非线性分析采用迭代法，设其每一步的迭代位移增量为

$$\Delta \boldsymbol{u}^e = (\Delta u_i \quad \Delta v_i \quad \Delta w_i \quad \Delta u_j \quad \Delta v_j \quad \Delta w_j)^{\mathrm{T}}$$

P 为初始态时索单元初始张力，A 为索单元的截面积，E 为弹性模量，则由虚功原理建立索单元局部坐标系下的平衡方程为

$$(\overline{\boldsymbol{K}}_L^e + \overline{\boldsymbol{K}}_{NL}^e) \cdot \Delta \boldsymbol{u}^e = \overline{\boldsymbol{R}}^e - \overline{\boldsymbol{F}}^e \tag{5-1}$$

式中

$$\overline{\boldsymbol{K}}_L^e = \frac{EA}{L} \begin{pmatrix} 1 & 0 & 0 & -1 & 0 & 0 \\ 0 & 0 & 0 & 0 & 0 & 0 \\ 0 & 0 & 0 & 0 & 0 & 0 \\ -1 & 0 & 0 & 1 & 0 & 0 \\ 0 & 0 & 0 & 0 & 0 & 0 \\ 0 & 0 & 0 & 0 & 0 & 0 \end{pmatrix}, \quad \overline{\boldsymbol{K}}_{NL}^e = \frac{P}{L} \begin{pmatrix} 1 & 0 & 0 & -1 & 0 & 0 \\ 0 & 1 & 0 & 0 & -1 & 0 \\ 0 & 0 & 1 & 0 & 0 & -1 \\ -1 & 0 & 0 & 1 & 0 & 0 \\ 0 & -1 & 0 & 0 & 1 & 0 \\ 0 & 0 & -1 & 0 & 0 & 1 \end{pmatrix},$$

$$\overline{\boldsymbol{F}}^e = P(-1 \quad 0 \quad 0 \quad 1 \quad 0 \quad 0)^{\mathrm{T}}$$

公式(5-1)中，$\overline{\boldsymbol{K}}_L^e$ 和 $\overline{\boldsymbol{K}}_{NL}^e$ 分别为局部坐标系下索单元刚度矩阵的线性部分和非线性部分，$\Delta \boldsymbol{u}^e$ 为局部坐标系下索单元节点位移增量矩阵，$\overline{\boldsymbol{R}}^e$ 为索单元节点外荷载向量，$\overline{\boldsymbol{F}}^e$ 为索单元等效节点力向量。可以看出 $\overline{\boldsymbol{K}}_L^e$ 与单元的线刚度 EA/L 有关，主要体现了单元在索轴线方向上的刚度，$\overline{\boldsymbol{K}}_{NL}^e$ 与力密度 P/L 有关，主要抵抗索单元的刚性转动。

引入坐标转换矩阵

$$\boldsymbol{T} = \begin{bmatrix} \lambda & 0 \\ 0 & \lambda \end{bmatrix} \tag{5-2}$$

式中

$$\lambda = \begin{vmatrix} l & m & n \\ -\dfrac{m}{\sqrt{l^2 + m^2}} & \dfrac{l}{\sqrt{l^2 + m^2}} & 0 \\ -\dfrac{ln}{\sqrt{l^2 + m^2}} & -\dfrac{mn}{\sqrt{l^2 + m^2}} & \sqrt{l^2 + m^2} \end{vmatrix}$$

其中，l、m、n 分别为局部坐标系中 x 轴与整体坐标系中 X、Y、Z 轴之间的方向余弦。由式(5-2)可得整体坐标系下单元方程各矩阵的表达式：

$$K_L^e = T^T \overline{K_L^e} T, \quad K_{NL}^e = T^T \overline{K_{NL}^e} T, \quad \Delta U^e = T^T \Delta u^e, \quad F^e = T^T \overline{F^e}$$

则整体坐标下索单元的平衡方程为

$$(K_L^e + K_{NL}^e)\Delta U^e = R^e - F^e \tag{5-3}$$

式(5-3)是结构单元在整体坐标系下的几何非线性有限元方程，通过对单元有限方程的组装，可以建立结构在整体坐标系下总的几何非线性有限元方程：

$$(K_L + K_{NL})\Delta U = R - F \tag{5-4}$$

式中，K_L 为整体结构的总刚度矩阵的线性部分；K_{NL} 为总刚度矩阵的非线性部分；ΔU 为节点位移列增量列阵；R 为节点外荷载向量；F 为等效节点力向量。

令 $K = K_L + K_{NL}$，则式(5-4)可写为

$$K \cdot \Delta U = R - F \tag{5-5}$$

二、非线性有限元方程求解

式(5-4)是非线性矩阵方程，一般用迭代法进行数值求解，迭代法主要有以下三种[48]：完全 Newton-Raphson 法、修正 Newton-Raphson 法和荷载增量法。完全 Newton-Raphson 法求解的特点是在每次迭代中必须重新计算切线刚度矩阵以及其逆矩阵、迭代次数较少、收敛速度较快，缺点是计算量比较大；修正 Newton-Raphson 法在每次迭代中只对等效节点荷载向量进行修正，迭代过程中均采用初始刚度矩阵进行计算，计算量大为减少，但收敛速度较慢并有可能导致迭代发散；由于完全 Newton-Raphson 法在求解过程对变形历程的跟踪更好，基于索本身受力的特点，一般都采用完全 Newton-Raphson 迭代法。完全 Newton-Raphson 法计算原理如下：

在任意时刻都有平衡方程

$$^{t+\Delta t}R - {}^{t+\Delta t}F = 0 \tag{5-6}$$

写成迭代步形式为

$$^{t+\Delta t}K^{(i-1)} \cdot \Delta U^{(i)} = {}^{t+\Delta t}R - {}^{t+\Delta t}F^{(i-1)} \tag{5-7}$$

式中，$^{t+\Delta t}K^{(i-1)}$ 为第 $i-1$ 次迭代步切线刚度矩阵；$\Delta U^{(i)}$ 为当前节点位移的迭代增量，$\Delta U^{(i)} = {}^{t+\Delta t}U^{(i)} - {}^{t+\Delta t}U^{(i-1)}$；$^{t+\Delta t}R$ 为 $t+\Delta t$ 状态的节点荷载向量；$^{t+\Delta t}F^{(i-1)}$ 为 $t+\Delta t$ 状态的等效节点力向量。

式(5-7)中，$^{t+\Delta t}K^{(0)} = {}^t K$，$^{t+\Delta t}F^{(0)} = {}^t F$，$^{t+\Delta t}U^{(0)} = {}^t U$。计算迭代时，先计算出式(5-7)右边的不平衡荷载矢量，由此产生的增量位移由式(5-7)左边项求得。不断迭代，直到非平衡荷载矢量 $\Delta R^{(i-1)}$ 或是位移增量 $\Delta U^{(i)}$ 充分小为止。

5.3.2.2　确定索杆系静力平衡态的非线性动力有限元法(NDFEM)

一、分析思路

NDFEM 找形分析的主要内容是非线性动力平衡迭代和位形更新迭代，其总体步骤为：建立初始有限元模型；进行非线性动力有限元分析，当总动能达到峰值时更新有限元模型，重新进行动力分析，直到位形迭代收敛；最后对位形迭代收敛的有限元模型进行非线性静力分析，检验静

力平衡状态;提取分析结果[43-44]。NDFEM 法找形分析流程见图 5-33 所示。

二、具体步骤

NDFEM 法的具体步骤如下:

1)分析准备

明确索杆系的设计成型状态和施工方案,以及所需要分析的施工阶段。

2)建立初始有限元模型

选用满足工程精度要求的索单元和杆单元;按照设计成型态位形或其他假定的初始位形建立有限元模型;根据所需分析的施工阶段,施加重力和其他荷载(如吊挂荷载)以及边界约束条件;按照式(5-8)和式(5-9),根据索杆原长已知的条件,在索杆上加等效初应变(ε_p)或等效温差(ΔT_p),按照式(5-10)和式(5-11),根据索杆内力(如牵引力、张拉力等)已知的条件,在索杆上施加 ε_p 或 ΔT_p。

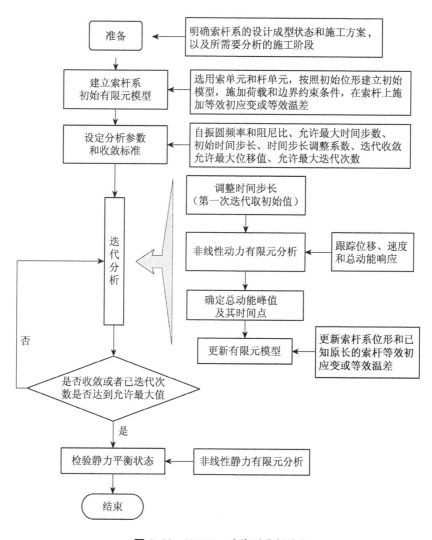

图 5-33 NDFEM 法找形分析流程

$$\varepsilon_p = \frac{S}{S_0} - 1 \tag{5-8}$$

$$\Delta T_p = \frac{-\varepsilon_p}{\alpha} = \frac{1 - \frac{S}{S_0}}{\alpha} \tag{5-9}$$

$$\varepsilon_p = \frac{F}{E \times A} \tag{5-10}$$

$$\Delta T_p = \frac{-\varepsilon_p}{\alpha} = \frac{-F}{E \times A \times \alpha} \tag{5-11}$$

式中，S 为模型中单元长度；S_0 为单元原长；E、A、α 分别为弹性模量、截面积和温度膨胀系数；F 为索杆内力。

3）设定分析参数

设置单次动力分析时间步数允许最大值 $[N_{ts}]$、单个时间步动力平衡迭代次数允许最大值 $[N_{ei}]$、初始时间步长 $\Delta T_{s(1)}$、时间步长调整系数 C_{ts}、动力平衡迭代位移收敛值 $[U_{ei}]$、位形更新迭代位移收敛值 $[U_{ci}]$、位形迭代允许最大次数 $[N_{ci}]$。

动力平衡方程（式(5-12)）可采用 Rayleigh 阻尼矩阵（式(5-13)），其中自振圆频率和阻尼比可虚拟设定。

$$[\mathbf{M}]\{\ddot{\mathbf{U}}\} + [\mathbf{C}]\{\dot{\mathbf{U}}\} + [\mathbf{K}]\{\mathbf{U}\} = \{\mathbf{F}(t)\} \tag{5-12}$$

$$[\mathbf{C}] = \alpha[\mathbf{M}] + \beta[\mathbf{K}] \tag{5-13}$$

$$\alpha = \frac{2\omega_i\omega_j(\xi_i\omega_j - \xi_j\omega_i)}{\omega_j^2 - \omega_i^2} \tag{5-14}$$

$$\beta = \frac{2(\xi_j\omega_j - \xi_i\omega_i)}{\omega_j^2 - \omega_i^2} \tag{5-15}$$

式中，$\{\mathbf{U}\}$、$\{\dot{\mathbf{U}}\}$、$\{\ddot{\mathbf{U}}\}$ 分别为位移向量、速度向量和加速度向量；$\{\mathbf{F}(t)\}$ 为荷载时程向量；$[\mathbf{C}]$ 为 Rayleigh 阻尼矩阵；$[\mathbf{M}]$ 为质量矩阵；$[\mathbf{K}]$ 为刚度矩阵；α、β 为 Rayleigh 阻尼系数；ω_i、ω_j 分别为第 i 阶和第 j 阶自振圆频率；ξ_i、ξ_j 分别为与 ω_i 和 ω_j 对应的阻尼比。

若 $\xi_i = \xi_j = \xi$，则式(5-14)和式(5-15)可简化为式(5-16)和式(5-17)：

$$\alpha = \frac{2\omega_i\omega_j\xi}{\omega_j + \omega_i} \tag{5-16}$$

$$\beta = \frac{2\xi}{\omega_j + \omega_i} \tag{5-17}$$

4）迭代分析

(1) 调整第 m 次动力分析的时间步长 $\Delta T_{s(m)}$。

(2) 非线性动力有限元分析：建立非线性动力有限元平衡方程（式(5-12)），按照时间步长 $\Delta T_{s(m)}$ 连续求解，跟踪索杆系的位移、速度和总动能响应；当索杆系整体运动方向明确时，为加快向静力平衡位形运动，提高分析效率，可不考虑阻尼力，建立无阻尼运动方程（式(5-18)）。

$$[\pmb{M}]\{\ddot{\pmb{U}}\}+[\pmb{K}]\{\pmb{U}\}=\{\pmb{F}(\pmb{t})\} \tag{5-18}$$

（3）确定总动能峰值及其时间点。

（4）更新有限元模型,包括更新索杆系的位形以及控制索杆的原长或者内力：

当判断出总动能峰值及其时间点后,更新有限元模型,采用线性插值的方法计算与总动能峰值 $E_{(p)}$ 对应的时间点 $T_{s(p)}$ 的位移,更新索杆系位形。

模型更新包括位形更新、内力更新和原长更新。按照动力分析位移更新节点坐标后,模型中构件长度也改变了。索结构中常以等效初应变或等效温差来模拟拉索张拉或者控制原长。对于需控制原长的构件,则以更新前后原长不变为原则,根据更新后的长度调整等效初应变或者等效温差,即更新内力;对于需控制内力(如提升牵引力和张拉力等)的构件,则不调整等效初应变或者等效温差,即更新原长。

5) 判断是否收敛或者位形已更新次数 N_{ci} 是否达到 $[N_{ci}]$

（1）若更新有限元模型节点最大位移 $U_{ci(m)}$ 小于 $[U_{ci}]$ 时,位形迭代收敛,进入第 6) 步。

（2）若 $U_{ci(m)}>[U_{ci}]$,且 $N_{ci}<[N_{ci}]$,则进入下一次的位形迭代,重新回到第 4) 步。

（3）若 $U_{ci(m)}>[U_{ci}]$,但 $N_{ci}=[N_{ci}]$,则结束分析。

6) 检验静力平衡态

若时间步长 ΔT_s 或允许最大时间步数 $[N_{ts}]$ 取值过小,则可能动力分析位移过小,满足位形更新迭代收敛标准,却并不满足静力平衡。为避免"假"平衡,需对满足收敛条件的更新位形进行静力平衡态的检验。采用非线性静力有限元进行分析,良好结果应该是分析极易收敛,且小位移满足精度要求。整个流程示意图见图 5-33 所示。

三、分析参数及收敛准则

1) 时间步长及其调整

时间步长 ΔT_s 是决定 NDFEM 法找形分析收敛速度的关键因素之一。ΔT_s 越短,则动力分析越易收敛,但达到静力平衡的总时间步数 $\sum N_{ts}$ 更多,分析效率低。在某次动力分析中,合理的 ΔT_s 应保证动力分析收敛前提下,在较少的时间步数 N_{ts} 内总动能达到峰值。NDFEM 法找形分析可分为初期、中期和后期三个阶段：

（1）在初期阶段,索杆系运动剧烈,动力分析可设置较小的时间步长,便于动力平衡迭代收敛。

（2）在中期阶段,索杆系主位移方向明确,趋向静力平衡位形,此时应设置较大的时间步长,从而在较少的时间步数和位形更新次数下迅速接近静力平衡态。

（3）在后期阶段,索杆系在静力平衡态附近振动,此时应设置更大的时间步长,从而使位形迭代尽快收敛,达到静力平衡状态。

鉴于时间步长对动力平衡迭代和分析效率有重要的影响,提出在分析过程中采用时间步长调整系数 C_{ts} 对各次动力分析的时间步长自动调整,调整策略为：①第一次位形迭代采用初始时间步长 $\Delta T_{s(1)}$;②若第 $m-1$ 次动力分析的时间步数 $N_{ts(m-1)}=[N_{ts}]$,总动能仍未出现下降,则第 m 次动力分析的时间步长 $\Delta T_{s(m)}=\Delta T_{s(m-1)}\times C_{ts}$;③若第 $m-1$ 次动力分析不收敛,则 $\Delta T_{s(m)}=\Delta T_{s(m-1)}/C_{ts}$。

2) 总动能峰值 $E_{(p)}$ 及对应时间点 $T_{(p)}$ 的确定

动力分析中第 k 时间步的结构总动能 $E_{(k)}$ 为：

$$E_{(k)} = \frac{1}{2} \{\dot{U}\}_{(k)}^{\mathrm{T}} [\boldsymbol{M}] \{\dot{U}\}_{(k)} \qquad (5\text{-}19)$$

式中，$\{\dot{U}\}_{(k)}$ 为第 k 时间步的速度向量。

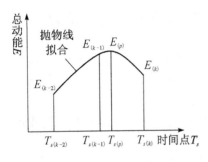

图 5-34 总动能峰值及其时间点

确定总动能峰值及其时间点的策略为：

（1）设 $E_{(0)} = 0$。

（2）当第 k 时间步动力平衡迭代收敛时，若 $k < [N_{ts}]$，$E_{(k)} > E_{(k-1)}$，则总动能未达到峰值，继续本次动力分析，进入第 $(k+1)$ 时间步；若 $k \leqslant [N_{ts}]$，$E_{(k)} < E_{(k-1)}$，则将三个连续时间步的总动能 $E_{(k)}$、$E_{(k-1)}$、$E_{(k-2)}$ 进行二次抛物线曲线拟合，计算总动能曲线的峰值 $E_{(p)}$ 及其时间点 $T_{s(p)}$（图 5-34）；若 $k = [N_{ts}]$，$E_{(k)} \geqslant E_{(k-1)}$，则 $E_{(p)} = E_{(k)}$，$T_{s(p)} = T_{s(k)}$。

（3）当第 k 时间步动力平衡迭代不收敛时，若 $k = 1$，则不更新位形，在调整时间步长后进入下次动力分析；若 $1 < k \leqslant [N_{ts}]$，则 $E_{(p)} = E_{(k-1)}$，$T_{s(p)} = T_{s(k-1)}$。

3）迭代收敛准则

NDFEM 法找形分析中存在两级迭代：一级是动力平衡迭代，二级是位形更新迭代。

一般非线性动力有限元分析中，动力平衡迭代的收敛标准包括力和位移两项指标，但鉴于 NDFEM 法找形分析中需多次更新位形，并根据更新的位形按照原长或内力一定的原则，重新确定索杆中的等效初应变或等效温差，因此为便于收敛且不影响最终分析结果，动力平衡迭代仅需设置位移收敛标准 $[U_{ci}]$。

位形更新迭代也仅设置位移收敛标准 $[U_{ci}]$。若更新有限元模型的节点最大位移 $U_{ci} \leqslant [U_{ci}]$，则位形更新迭代收敛。

5.3.3 串联拉索沿导索空中累积滑移安装过程分析

5.3.3.1 分析方法

主索牵引过程中依靠导索和牵引索维持稳定状态，而主索和导索都是柔性的。随着牵引过程，主索的拉力、位形以及各段导索和牵引索的拉力、长度都在不断变化，且相互影响，应进行累积滑移施工全过程数值模拟分析，以掌握关键阶段的施工状态，为施工、监测提供参数和依据。本书基于 NDFEM 法，以导索单元总原长不变为原则，提出了四种分析策略进行串联拉索沿导索空中累积滑移安装过程分析，并进行对比和参数优化，以提高分析效率。

以 NDFEM 法为基础，在已知索杆原长条件下，确定索杆系静力平衡态。建立包括主索、导索、牵引索和吊杆的有限元计算模型。吊杆一端与主索节点连接，另一端与导索节点连接。将相连的导索单元设为一个单元组，假定滑轮无摩擦，忽略导索自重在滑轮两侧引起的不平衡力，基于导索单元组总原长不变的原则，通过调整导索各单元原长来模拟滑轮在导索上的移动。牵引过程示意图见图 5-35 所示。

1）策略一："一致初应变"策略

同组各导索单元的等效初应变相同，简称"一致初应变"策略。即每次迭代更新模型位形后，为维持既定的导索组总原长不变，根据导索组模型总长度，一致调整同导索组各单元的等效初应变,式(5-20)。

$$\varepsilon^{(k)}=\frac{L^{(k)}-S}{L^{(k)}} \qquad (5\text{-}20)$$

式中,$L^{(k)}$ 为第 k 次位形更新迭代后的导索组模型总长度;$\varepsilon^{(k)}$ 为第 k 次位形更新迭代后的等效初应变;S 为导索组总原长。

前后两次迭代,单个导索单元的原长变化量见式(5-21)。

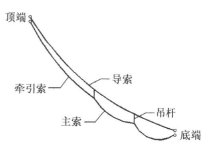

图 5-35　牵引过程示意图

$$\begin{aligned} \Delta s_{(i)}^{(k)} &= s_{(i)}^{(k)} - s_{(i)}^{(k-1)} \\ &= l_{(i)}^{(k)} - \varepsilon^{(k)} l_{(i)}^{(k)} - \left[l_{(i)}^{(k-1)} - \varepsilon^{(k-1)} l_{(i)}^{(k-1)} \right] \\ &= \Delta l_{(i)}^{(k)} - \left[\varepsilon^{(k)} l_{(i)}^{(k)} - \varepsilon^{(k-1)} l_{(i)}^{(k-1)} \right] \end{aligned} \qquad (5\text{-}21)$$

式中,$s_{(i)}^{(k)}$ 为第 k 次迭代中第 i 个导索单元的原长;$\Delta s_{(i)}^{(k)}$ 为第 k 次迭代中第 i 个导索单元的原长变化量;$l_{(i)}^{(k)}$ 为第 k 次迭代中第 i 个导索单元的模型长度;$\Delta l_{(i)}^{(k)}$ 为第 k 次迭代中第 i 个导索单元的模型长度变化量。

由于 $\varepsilon^{(k)} l_{(i)}^{(k)}$ 和 $\varepsilon^{(k-1)} l_{(i)}^{(k-1)}$ 为小量,则可简化为式(5-22)。可见,导索单元的原长变化量约等于模型长度变化量。

$$\Delta s_{(i)}^{(k)} \approx \Delta l_{(i)}^{(k)} \qquad (5\text{-}22)$$

2) 策略二:"模型长度倍增"策略

$\Delta s_{(i)}^{(k)}$ 直接决定了迭代分析中滑轮沿导索滑移速度。为提高分析效率,引入导索单元原长变化倍增系数 $\lambda (\geqslant 1)$,令 $s_{(i)}^{(k)}$ 为式(5-23),对应的等效初应变见式(5-24)。

$$s_{(i)}^{(k)} = l_{(i)}^{(k-1)} + \lambda \Delta l_{(i)}^{(k)} \qquad (5\text{-}23)$$

$$\varepsilon_{1(i)}^{(k)} = \frac{l_{(i)}^{(k)} - s_{(i)}^{(k)}}{l_{(i)}^{(k)}} = \frac{(1-\lambda) \Delta l_{(i)}^{(k)}}{l_{(i)}^{(k)}} \qquad (5\text{-}24)$$

式中,$\varepsilon_{1(i)}^{(k)}$ 为引入 λ 后第 k 次迭代第 i 个导索单元的等效初应变。

按式(5-23)确定各导索单元原长后,导索总原长发生了变化。为维持导索总原长不变原则,各导索单元附加一个等效初应变(式(5-25)),则最终各导索单元的等效初应变见式(5-26)。可见,当 $\lambda = 1$ 时,式(5-26)和式(5-25)是等同的。

$$\varepsilon_2^{(k)} = \frac{\sum \left[l_{(i)}^{(k-1)} + \lambda \Delta l_{(i)}^{(k)} \right] - S}{L^{(k)}} = \frac{L^{(k)} + (\lambda-1) \sum \Delta l_{(i)}^{(k)} - S}{L^{(k)}} \qquad (5\text{-}25)$$

$$\varepsilon_{(i)}^{(k)} = \varepsilon_{1(i)}^{(k)} + \varepsilon_2^{(k)} = \frac{(1-\lambda) \Delta l_{(i)}^{(k)}}{l_{(i)}^{(k)}} + \frac{L^{(k)} + (\lambda-1) \sum \Delta l_{(i)}^{(k)} - S}{L^{(k)}} \qquad (5\text{-}26)$$

式中,$\varepsilon_{(i)}^{(k)}$ 为引入 λ 后第 k 次迭代第 i 个导索单元的最终等效初应变;$\varepsilon_2^{(k)}$ 为引入 λ 后第 k 次迭代各导索单元附加的一致等效初应变。

受拉力和线形的影响,导索上各滑轮的移动速度存在较大差异。较大的 λ 值,利于加快滑轮移动速度,但滑轮移动过快或趋于稳定时,则大于 1 的 λ 值导致分析难以平衡收敛,因此引入导索单元模型长度变化比例绝对值 $P_{l(i)}^{(k)}$（式(5-27)）及上限 R_u 和下限 R_l。当 $P_{l(i)}^{(k)}$ 超限，即 $P_{l(i)}^{(k)} < R_l$ 或 $P_{l(i)}^{(k)} > R_u$ 时，调整 λ 为 1，实现对滑轮移动降速的调控。

$$P_{l(i)}^{(k)} = \left| \frac{\Delta l_{(i)}^{(k)}}{l_{(i)}^{(k)}} \right| \tag{5-27}$$

式中，$P_{l(i)}^{(k)}$ 为第 k 次迭代第 i 个导索单元的模型长度变化比例绝对值。

3）策略三："逐单元递推"策略

以相邻导索单元为一对，以相邻对单元的应力相等和总原长不变为原则计算单元原长变化量，并从导索组的一端向另一端递推，简称"逐单元递推"策略。n 个单元构成一个导索组，在第 $k-1$ 次迭代分析中的原长为 $s_{(i)}^{(k-1)}$，在位形更新后进入第 k 次迭代分析，各单元模型长度为 $l_{(i)}^{(k)}$（图 5-36(a)）。首先将单元 1 和 2 组成相邻导索单元对（图 5-36(b)），根据上述原则得到公式(5-28)，单元 1 的原长变化量见公式(5-29)，调整后的原长见公式(5-30)。

$$\frac{s_{(1)}^{(k-1)} + \Delta s_{(1)}^{(k)}}{l_{(1)}^{(k)}} = \frac{s_{(2)}^{(k-1)} - \Delta s_{(1)}^{(k)}}{l_{(2)}^{(k)}} \tag{5-28}$$

$$\Delta s_{(1)}^{(k)} = \frac{s_{(2)}^{(k-1)} l_{(1)}^{(k)} - s_{(1)}^{(k-1)} l_{(2)}^{(k)}}{l_{(1)}^{(k)} + l_{(2)}^{(k)}} \tag{5-29}$$

$$s_{(1)}^{(k)} = s_{(1)}^{(k-1)} + \Delta s_{(1)}^{(k)} \tag{5-30}$$

然后将单元 2 和 3 组成相邻导索单元对（图 5-36(c)），以此类推，当将单元 i 和 $i+1$ 组成导索单元对，单元 i 原长变化量见式(5-31)，调整后的原长见式(5-32)。当 $i=n$ 时，单元 n 调整后的原长见式(5-33)（图 5-36(e)）。

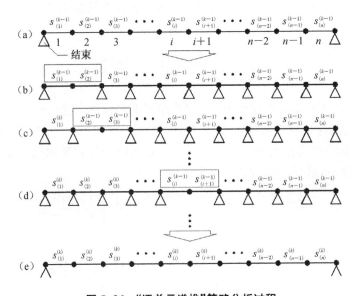

图 5-36　"逐单元递推"策略分析过程

$$\Delta s_{(i)}^{(k)} = \frac{s_{(i+1)}^{(k-1)} l_{(i)}^{(k)} - \left[s_{(i)}^{(k-1)} - \Delta s_{(i-1)}^{(k)} \right] l_{(i+1)}^{(k)}}{l_{(i)}^{(k)} + l_{(i+1)}^{(k)}} \tag{5-31}$$

$$s_{(i)}^{(k)} = s_{(i)}^{(k-1)} - \Delta s_{(i-1)}^{(k)} + \Delta s_{(i)}^{(k)} \tag{5-32}$$

$$s_{(n)}^{(k)} = s_{(n)}^{(k-1)} - \Delta s_{(n-1)}^{(k)} \tag{5-33}$$

4）策略四："逐单元递推倍增"策略

基于策略三，为加快滑轮移动速度，也引入导索单元原长变化倍增系数 λ（$\geqslant 1$），即相邻导索单元对的原长变化量增大为 λ 倍。原长变化量的递推式见式(5-34)和式(5-35)，各导索单元调整后的原长仍采用式(5-30)、式(5-32)和公式(5-33)。可见，策略三是 $\lambda = 1$ 的策略四。

当 $i = 1$ 时，

$$\Delta s_{(1)}^{(k)} = \lambda \times \frac{s_{(2)}^{(k-1)} l_{(1)}^{(k)} - s_{(1)}^{(k-1)} l_{(2)}^{(k)}}{l_{(1)}^{(k)} + l_{(2)}^{(k)}} \tag{5-34}$$

当 $1 < i < n$ 时，

$$\Delta s_{(i)}^{(k)} = \lambda \times \frac{s_{(i+1)}^{(k-1)} l_{(i)}^{(k)} - \left[s_{(i)}^{(k-1)} - \Delta s_{(i-1)}^{(k)} \right] l_{(i+1)}^{(k)}}{l_{(i)}^{(k)} + l_{(i+1)}^{(k)}} \tag{5-35}$$

与策略二同理，为实现对滑轮移动降速的调控，引入导索单元原长变化比例绝对值 $P_{s(i)}^{(k)}$（式(5-36)）及上限 R_u 和下限 R_l。当 $P_{s(i)}^{(k)} < R_l$ 或 $P_{s(i)}^{(k)} > R_u$ 时，调整 λ 为 1。

$$P_{s(i)}^{(k)} = \left| \frac{\Delta s_{(i)}^{(k)}}{l_{(i)}^{(k)}} \right| \tag{5-36}$$

式中，$P_{s(i)}^{(k)}$ 为第 k 次迭代第 i 个导索单元的原长变化比例绝对值。

5.3.3.2 算例

1）基本概况和分析模型

主索的顶端和底端的水平距离为 32 m，落差为 24 m，斜向距离为 40 m。4 根主索通过节点板顺次连接，总原长为 $4 \times 10.21\ \text{m} = 40.84\ \text{m}$，下拉索挂在节点板上(图 5-37)。导索顶端和底端的标高分别比主索的高 1.0 m，其总原长取值与主索的相同。主索节点板与导索之间连接有 1 m 长的吊杆。

单元划分：将牵引索和 4 根主索分别划分为 10 个等原长的单元来模拟松垂拉索；导索与主索对应划分为 4 段，每段划分为一个单元，由上至下标号为 A、B、C 和 D；吊杆划分为一个单元。考虑每根吊杆下有节点板、下拉索、手拉葫芦等荷载，设吊杆受竖直向下的集中力 $F = 4\text{kN}$，初始分析模型见图 5-38 所示。

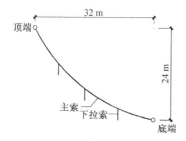

图 5-37 索网结构示意图

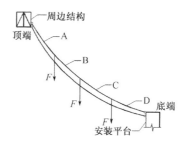

图 5-38 初始分析模型

主索为 $7\phi_s 21.6$ 钢绞线束，导索采用 1 根 $6 \times 37\text{S} + \text{FC}\phi 36$ 钢丝绳，牵引索采用 1 根 ϕ_s 15.24钢绞线，构件力学参数见表 5-1 所示。

表 5-1　构件力学参数

构件	截面积(mm²)	密度(×10³kg/m³)	弹性模量(×10⁵MPa)
导索	477	9.28	1.1
吊杆	139	7.85	2.06
主索	980	7.85	1.95
牵引索	139	7.85	2.0

采用 ANSYS 有限元软件,建立整体有限元模型,构件均采用 Link 8 杆单元。基于该软件二次开发平台编制"NDFEM"法找形分析程序,设定分析参数和收敛标准:单次动力分析时间步数允许最大值 $[N_{ts}]=5$,单个时间步动力平衡迭代次数允许最大值 $[N_{ei}]=50$,初始时间步长 $\Delta T_{s(1)}=0.5$ s,时间步长调整系数 $C_{ts}=1.2$,动力平衡迭代位移收敛值 $[U_{ei}]=0.005$ mm,位形更新迭代位移收敛值 $[U_{ci}]=2$ mm。

2)牵引滑移过程分析工况

基于文献[44]的思路,串联拉索沿导索空中累积滑移安装的计算过程与施工过程是相逆的,即计算分析的初始状态为施工完成状态,然后按照逆向的顺序放长牵引索,使主索沿导索向下滑移,在此过程中逐一计算施工过程各阶段的力学状态。牵引滑移过程分析工况见表5-2所示,从工况9向工况1依次分析,前个收敛的工况模型作为下一个工况分析的初始模型。

表 5-2　牵引滑移过程分析工况

工况	1	2	3	4	5
牵引索原长(m)	22.5	20	17.5	15	12.5
工况	6	7	8	9	10
牵引索原长(m)	10	7.5	5	2.5	0

3)调整导索单元原长策略的分析效率对比

为模拟滑轮移动,位形迭代分析中调整导索单元原长。策略一和三分别是策略二和四在λ=1时的特例,因此基于工况9,$R_u=0.004$,$R_l=0.0004$,对比策略二和四在不同 λ 值下的总动力平衡迭代次数 $\sum N_{ei}$、总时间步数 $\sum N_{ts}$ 和位形更新次数 N_{ci},分析结果见表5-3和图5-39所示。

表 5-3　调整导索单元原长策略的分析效率对比

λ	调整导索单元原长的策略					
	策略二:模型长度倍增			策略四:逐单元递推倍增		
	$\sum N_{ei}$	$\sum N_{ts}$	N_{ci}	$\sum N_{ei}$	$\sum N_{ts}$	N_{ci}
1	6 542	1 417	321	11 167	2 443	567
2	4 083	717	166	3 809	717	165
4	5 706	638	160	3 297	548	127
6	5 027	502	128	2 279	250	60
7	6 675	667	181	1 819	203	41
8	—	—	—	2 419	343	77

由分析结果可得:

(1) 当 $\lambda = 1$ 时,策略一优于策略三。

(2) 当 $\lambda > 2$ 时,策略四优于策略二。

(3) 增大 λ 值,大大提高了分析效率,但 λ 取值过大,则动力平衡迭代不易收敛,降低了分析效率。

(4) 表中 $\lambda = 7$ 时的策略四分析效率最高。

4) 不同导索原长的牵引滑移过程分析对比

设定不同的导索原长,对比分析其对牵引过程状态的影响。设导索原长分别等同于主索原长($S = 40.84$ m)、导索端点距离($S = 40$ m)及两者中

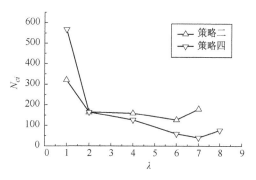

图 5-39 参数对比下 N_{ci} 变化曲线

间值($S = 40.42$ m)。调整导索单元原长采用策略四——"逐单元递推倍增",设参数 $\lambda = 7$,$R_u = 0.004$,$R_l = 0.0004$。

经分析,导索原长 $S = 40.42$ m 时各工况的位形和导索单元模型长度分别见图 5-40 和图 5-41,可见:随牵引原长逐渐缩短,主索沿导索累积向上滑移,上部导索单元 A 的长度基本呈线性减小,中部单元 B 的变化较小,下部单元 C 和 D 的长度增大。

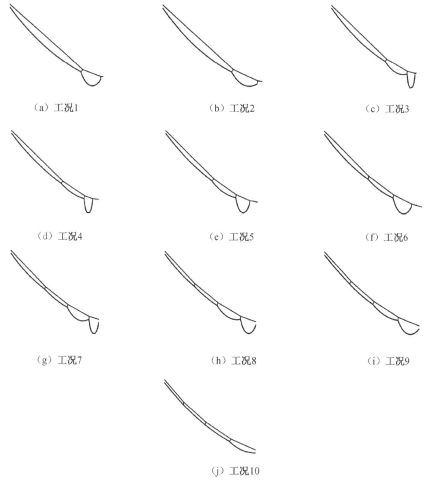

（a）工况1   （b）工况2   （c）工况3

（d）工况4   （e）工况5   （f）工况6

（g）工况7   （h）工况8   （i）工况9

（j）工况10

图 5-40 导索原长 $S = 40.42$ m 的静力平衡态位形

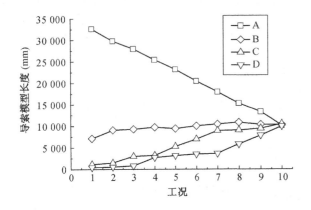

图 5-41　导索原长 $S=40.42$ m 的导索
单元模型长度变化曲线

对比导索三种原长下前 3 个工况的位形(图 5-40、图 5-42 和图 5-43),可见导索原长较长($S=40.84$ m)时,起始工况的导索下端线形更加平缓,甚至可能出现下凹,不利于滑移,因此从导索线形方面来说,起始工况是最不利的,导索原长不宜过长且不应超过主索原长。

在不同导索原长条件下,对比导索和牵引索的拉力(表 5-4、表 5-5、图 5-44 和图 5-45),经分析结果可得:

(1) 随牵引过程,导索拉力先升后降,中后期出现峰值。

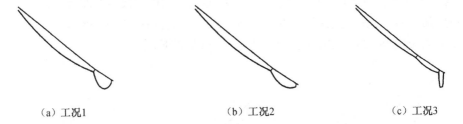

（a）工况1　　　　　　　（b）工况2　　　　　　　（c）工况3

图 5-42　导索原长 $S=40$ m 的前 3 个工况静力平衡态位形

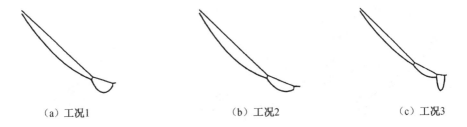

（a）工况1　　　　　　　（b）工况2　　　　　　　（c）工况3

图 5-43　导索原长 $S=40.84$ m 的前 3 个工况静力平衡态位形

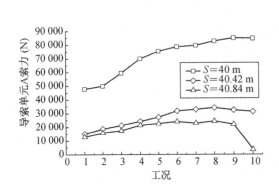

图 5-44　导索不同长度条件导索拉力变化曲线

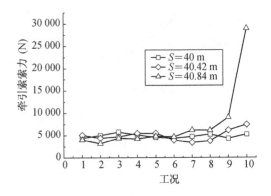

图 5-45　导索不同长度条件牵引索拉力变化曲线

(2) 导索原长较短($S=40\,\text{m}$)时,导索拉力明显增加,且末期拉力降低幅度小。

(3) 随牵引过程,牵引索拉力总体变化不大,但当导索原长较长($S=40.84\,\text{m}$)时,末期牵引索拉力迅速增加。

(4) 三个导索原长中,中间值$S=40.42\,\text{m}$避免了过大的导索拉力或牵引索拉力,显然是较优的选择。

总之,导索和牵引索的拉力变化受导索原长影响大,且较为敏感;合理的导索原长应介于主索原长和两端距离之间。

表 5-4 三种导索原长下导索拉力　　　　　　　　　　　单位:kN

工况		1	2	3	4	5	6	7	8	9	10
牵引索长(m)		22.5	20	17.5	15	12.5	10	7.5	5	2.5	0
导索原长(m)	40	47.8	50.0	59.4	70.0	75.5	78.7	79.7	82.8	85.1	84.8
	40.42	15.4	18.7	21.3	24.2	27.3	31.8	32.9	34.1	32.5	31.4
	40.84	12.8	15.8	17.4	21.4	22.6	24.0	22.8	24.4	22.1	3.6

表 5-5 三种导索原长下牵引索拉力　　　　　　　　　　単位:kN

工况		1	2	3	4	5	6	7	8	9	10
牵引索长(m)		22.5	20	17.5	15	12.5	10	7.5	5	2.5	0
导索原长(m)	40	4.4	5.0	5.8	5.1	4.5	4.4	4.7	5.3	4.3	5.3
	40.42	5.1	4.4	4.7	5.5	5.5	3.9	3.4	3.8	6.2	7.4
	40.84	4.0	3.2	4.4	4.2	4.8	4.7	6.2	6.1	9.0	29.0

5.3.3.3　小结

(1) 基于 NDFEM 法找形,进行牵引滑移施工全过程分析。根据导索单元组总原长不变的原则,采用调整导索各单元原长的方法来模拟滑轮在导索上的移动,并提出和对比了四种策略,指出"逐单元递推倍增"策略具有更高的分析效率。

(2) 分别设定导索原长为主索原长、端点距离和中间值,指出和对比了关键施工参数变化规律,得出:①导索线形在起始工况是最不利的,导索原长不宜过长且不应超过主索原长;②导索和牵引索的拉力变化受导索原长影响大,且较为敏感;③合理的导索原长应介于主索原长和两端距离之间。

5.4　FAST 反射面索网施工过程分析

5.4.1　对称轴处沿导索牵引安装区索网施工过程分析

FAST 建设场地的底部区域较为平坦,满足原位搭设塔架的要求。根据场地的情况,网底支承塔架安装区可取中间六环或者中间四环或者中间两环。六环对应沿导索牵引时每条轴线处可架设七根导索,四环对应沿导索牵引时每条轴线处可架设五根导索,两环对应沿导索牵引时每条轴线处可架设三根导索。对应的,取中间六环时,称之为 7 根导索累积牵引施工方案,取中间四环时,称之为 5 根导索累积牵引施工方案,取中间两环时,称之为 3 根导索累积牵引施工方案。

本节将对比分析 5 根、7 根和 3 根导索的方案,最终确定实际工程中采用 3 根导索的方案。

5.4.1.1 5 根导索累积牵引施工过程分析

在网底支承塔架安装区索网施工完成以后,开始对称轴处沿导索牵引安装区索网的施工。安装五分之一对称轴上的索网,共五辐。每根轴线处布置 5 根导索,即在每个五分之一对称轴布置一根,左右各布置 2 根,沿径向共布置 5 根导索(图 5-46)。

图 5-46 导索布置图

架设导索时,导索的初始长度为与其对应位置处径向索无应力长度总和,导索上端连接在钢环梁下弦节点上部 500 mm 处,下端与对应中部塔架安装区域的外围节点板相连(图 5-47)。

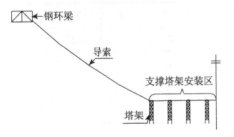

图 5-47 导索连接示意图

1)计算工况

荷载条件:荷载包括面索和下拉索及连接节点的自重;导索和牵引索及吊杆的自重。材料选用:

(1)导索选用 φ28.6 的钢绞线,最小破断力为 996 kN。

(2)牵引索选用 φ21.6 的钢绞线,最小破断力为 530 kN。

(3)吊杆选用 φ15.2 的钢绞线,最小破断力为 260 kN。

(4)索网结构采用初始设计时所采用的参数。

由于索网结构是五轴中心对称结构,同时也是以五条对称轴为基准制定的施工方案。为此在计算分析时,为了减小计算量,加快计算进度,特取 D 轴作为计算样本。

整个牵引过程为连续施工过程,分析时取 22 种工况,其中开始时因为受力较小,取牵引两格距离为一个计算工况,中间时取牵引一格距离为一个计算工况,在最终安装就位时受力较为复杂,取牵引半格距离为一个计算工况。每条导索需牵引索网 25 格(24 个节点)的距离。各工况的位移情况见表 5-6 所示。

表 5-6 牵引工况表

工况号	牵引索网格数	被牵引索网长度(m)	工况号	牵引索网格数	被牵引索网长度(m)
初始态	—	—	工况 5	10	99
工况 1	5	44	工况 6	11	110
工况 2	7	66	工况 7	12	121
工况 3	8	77	工况 8	13	132
工况 4	9	88	工况 9	14	143

工况号	牵引索网格数	被牵引索网长度 (m)	工况号	牵引索网格数	被牵引索网长度 (m)
工况 10	15	154	工况 17	22	231
工况 11	16	165	工况 18	23	242
工况 12	17	176	工况 19	24	253
工况 13	18	187	工况 20	25	258.5
工况 14	19	198	工况 21	25	263.9
工况 15	20	209	工况 22	25	264
工况 16	21	220			

典型工况的计算模型见图 5-48 所示。

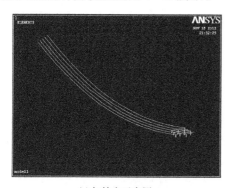

(a) 初始态示意图

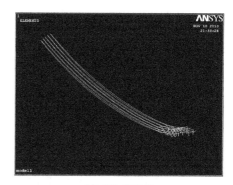

(b) 工况1示意图

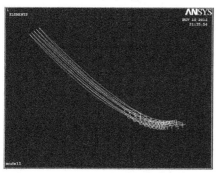

(c) 工况6示意图

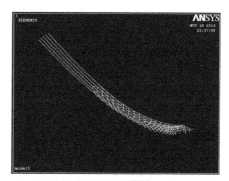

(d) 工况14示意图

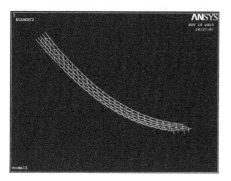

(e) 工况21示意图

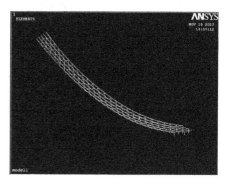

(f) 工况22示意图

图 5-48 典型工况示意图

其中,初始态表示导索安装到位尚未进行牵引的状态,工况 22 表示索网牵引到位。

2）牵引过程中导索位移形状图

在整个牵引过程中,典型工况下导索的位移形状见图 5-49 所示,由于计算部分基本处于对称状态,各根导索的位移形状基本相同,为清晰起见,取轴线上的导索作为对象进行展示。

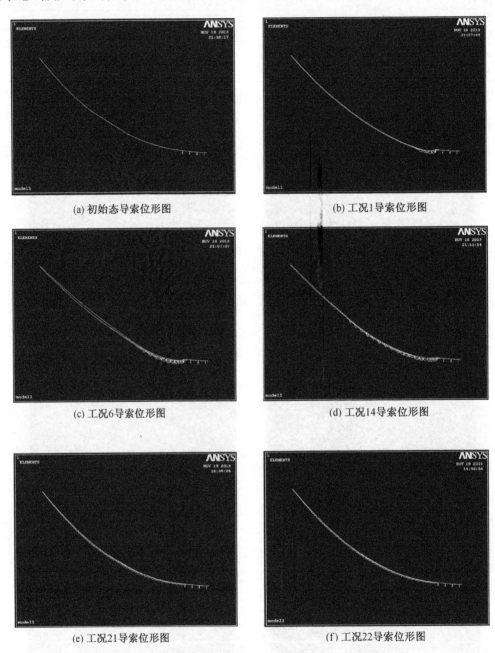

(a) 初始态导索位形图   (b) 工况1导索位形图

(c) 工况6导索位形图   (d) 工况14导索位形图

(e) 工况21导索位形图   (f) 工况22导索位形图

图 5-49 典型工况位移形状图

由图 5-49 可见,导索安装就位以后,尚未进行牵引之前,在自重作用下与对应位置处球面径向索基本平行,满足牵引的初始条件。

在牵引过程中,由于导索的刚度较弱,垂度较大,在牵引的初始阶段,靠近网底支承塔架安装区的导索在被牵引索网的作用下,会产生明显的竖向位移,其最低点的高度要低于网底支承塔架安装区塔架的高度,同时,此处的索网面索所受的牵引力较小,会产生明显的下垂。因此,索网在牵引过程中有可能会拖地。

随着牵引的进行,结构刚度逐渐变大,靠近塔架安装区的导索下凹的现象逐渐消失,最终的形状与导索在自重下的形状基本相同。

3)牵引过程中导索的拉力

在牵引过程中,导索是主要的受力构件,为确保施工方案的安全可行,必须准确确定导索的拉力。在整个牵引过程中,典型计算工况导索的拉力见图 5-50 所示。

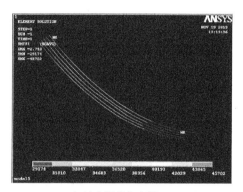

(a) 初始态导索拉力图(N)

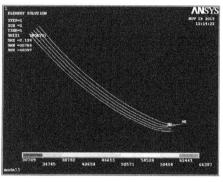

(b) 工况1导索拉力图(N)

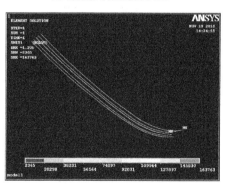

(c) 工况6导索拉力图(N)

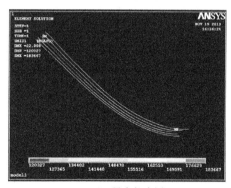

(d) 工况14导索拉力图(N)

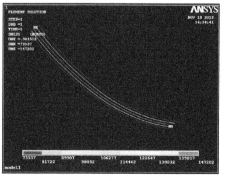

(e) 工况21导索拉力图(N)

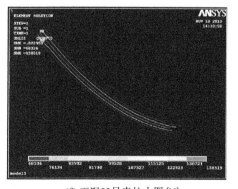

(f) 工况22导索拉力图(N)

图 5-50 典型工况导索拉力图

由图 5-50 可见,导索安装完成以后,在自重的作用下,每根导索均在上端出现较大的拉力,达到 46 kN;下端出现较小的拉力,为 29 kN;导索的拉力自上到下均匀变化。

在牵引的初始阶段,由于导索垂度较大,在靠近网底支承塔架安装区处出现下凹,造成靠近塔架安装区的导索出现较大的拉力。同时索网尚未成型,在环向索的作用下,索网会向中间集中,使边缘处的导索受力加大。因此,导索的拉力最大值出现在靠近塔架安装区位置的边缘导索处。

随着牵引的进行,索网逐渐成型,在靠近塔架安装区域的下凹逐渐消失,导索的最大值此时出现在靠近钢环梁的位置处。

值得注意的是,在整个牵引过程中,单根导索的拉力通常在靠近钢环梁处达到最大值或者较大值,此处拉力的变化可以有效地代表导索拉力的变化情况。因此在导索拉力统计过程中,以每根导索最靠近钢环梁端的拉力作为其代表值。

为了进行拉力统计需对导索进行编号,具体见图 5-51 所示牵引过程中的导索拉力见表 5-7 所示。

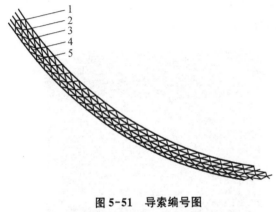

图 5-51 导索编号图

表 5-7 导索拉力统计表 单位:kN

	初始态	工况 1	工况 2	工况 3	工况 4	工况 5	工况 6	工况 7
1	45.7	55.7	66.9	65.1	73.5	79.0	86.7	95.6
2	45.1	55.6	67.9	69.7	75.5	83.4	90.5	100.2
3	45.4	57.8	68.4	74.5	78.9	91.4	114.4	118.2
4	45.1	56.1	68.3	70.7	77.5	84.4	91.6	104.0
5	44.8	55.7	66.1	65.2	75.3	78.9	86.7	104.1
	工况 8	工况 9	工况 10	工况 11	工况 12	工况 13	工况 14	工况 15
1	100.3	103.9	111.0	121.8	121.0	140.5	144.5	163.9
2	107.0	110.8	124.1	129.1	131.9	145.5	156.9	177.4
3	124.2	135.9	144.7	139.2	156.0	167.9	183.7	188.6
4	108.1	113.5	125.3	130.0	132.9	146.4	157.6	178.1
5	100.2	104.5	115.5	121.6	121.1	140.3	144.4	163.8
	工况 16	工况 17	工况 18	工况 19	工况 20	工况 21	工况 22	最大值
1	163.5	156.1	159.9	185.4	166.8	74.9	69.6	185.4
2	186.8	169.7	176.7	200.7	182.4	109.8	102.0	200.7
3	193.3	171.2	195.8	207.5	184.9	147.2	138.5	207.5
4	185.4	170.2	177.1	200.6	183.2	112.5	104.6	200.6
5	162.7	155.8	159.9	184.7	167.2	74.7	69.4	184.7

牵引过程中导索拉力趋势见图 5-52 所示。

由表 5-7 和图 5-52 可见,在整个牵引过程中,整体呈先增大后减小的趋势,在工况 19 时达到最大值,最大值为 208 kN。导索的破断力为 996 kN,安全系数为 4.8。由于牵引结构是对称的,位于中间位置处的 3 号导索拉力较大,2 号与 4 号、1 号与 5 号导索的拉力分别相同,且拉力由中间向两边递减,但是相差不大。

4) 牵引过程中牵引索的拉力

在牵引过程中,牵引索是主要的受力构件,为确保施工方案的安全可行,必须准确确定牵引索的拉力。在整个牵引过程中,典型计算工况牵引索的拉力见图 5-53 所示。

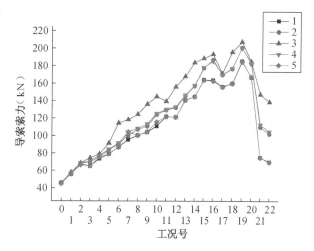

图 5-52　导索拉力趋势图

由图 5-53 可见,在整个牵引过程中,牵引索的拉力在不断地增大,每根牵引索的最大值均出现在上端。

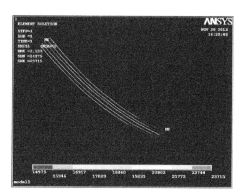

(a) 工况1牵引索拉力图(N)

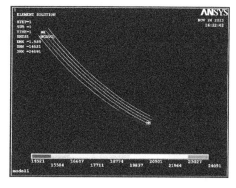

(b) 工况2牵引索拉力图(N)

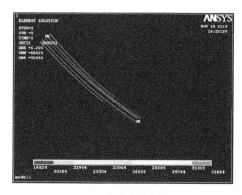

(c) 工况6牵引索拉力图(N)

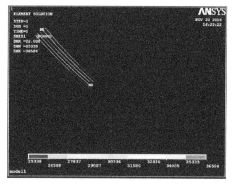

(d) 工况7牵引索拉力图(N)

图 5-53　典型工况牵引索拉力图

为了进行拉力统计需对牵引索进行编号,具体见图 5-54 所示;牵引过程中的牵引索拉力见表 5-8 所示。

表 5-8　牵引索拉力统计表　　　　　单位:kN

	工况 1	工况 2	工况 3	工况 4	工况 5	工况 6	工况 7
1	17.6	22.1	22.6	26.9	25.8	25.0	22.9
2	22.3	23.1	22.9	28.0	26.6	27.3	24.4
3	47.2	23.9	23.1	28.7	26.6	32.9	27.2
4	22.6	24.1	23.0	29.9	26.9	27.5	23.0
5	17.6	21.2	22.5	29.6	25.8	25.0	21.7
	工况 8	工况 9	工况 10	工况 11	工况 12	工况 13	工况 14
1	26.1	29.4	31.0	27.7	37.7	25.5	29.3
2	26.2	30.3	28.2	32.2	39.8	35.3	34.4
3	35.2	33.7	32.6	50.6	47.7	46.9	36.6
4	26.4	30.7	28.5	32.5	40.0	35.4	34.9
5	26.0	29.5	26.0	27.7	37.5	25.5	29.3
	工况 15	工况 16	工况 17	工况 18	工况 19	工况 20	工况 21	最大值
1	17.6	55.4	59.2	60.6	38.1	61.9	155.9	155.9
2	22.3	54.3	65.6	61.4	46.5	71.3	144.4	144.4
3	47.2	63.2	69.8	61.0	46.8	76.8	116.9	116.9
4	22.6	55.2	66.2	62.0	46.6	71.3	142.6	142.6
5	17.6	55.5	59.4	60.4	38.4	61.4	156.0	156.0

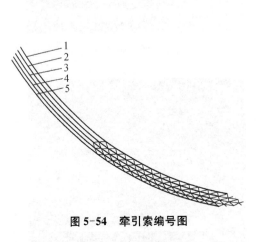

图 5-54　牵引索编号图　　　　　　图 5-55　牵引索拉力趋势图

牵引过程中牵引索拉力趋势见图 5-55 所示。

由表 5-8 和图 5-55 可见,在整个牵引过程中,牵引索的拉力整体是增大的趋势,且在工况 21 时达到最大值,最大值为 156 kN。在牵引到位时拉力达到最大,且靠近对称轴处的牵引索的拉力相对更大。

5）塔架内力

在网底支承塔架安装区面索施工完成以后，就进行下拉索的安装，此时下拉索的计算长度取下拉索的无应力长度。在牵引的过程中，下拉索会与塔架共同承担荷载。

在整个牵引过程中，典型工况塔架的内力见图5-56所示。

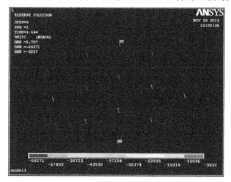

(a) 初始态塔架内力图（N）

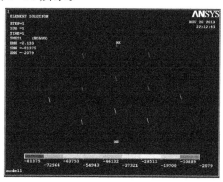

(b) 工况1塔架内力图（N）

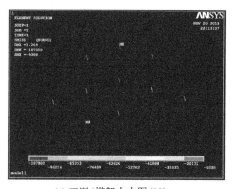

(c) 工况6塔架内力图（N）

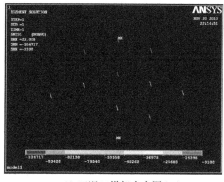

(d) 工况14塔架内力图（N）

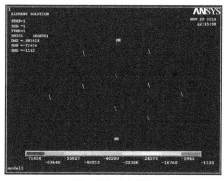

(e) 工况21塔架内力图（N）

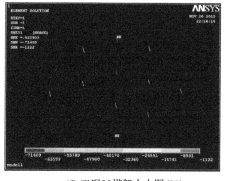

(f) 工况22塔架内力图（N）

图5-56　典型工况塔架内力图

由图5-56可见，在牵引过程中，塔架的内力呈现出明显的阶梯性，由靠近导索处的塔架向中间的塔架减小。这是由于导索下端的竖向荷载由塔架和下拉索共同承受，因此靠近导索的塔架会承受较大的压力。作用力通过面索向里层的塔架传递，并逐渐减小。

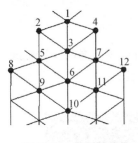

图 5-57 塔架编号图

导索在自重和被牵引索网的作用下,在与网底支承塔架安装区的连接部位有着明显的下挠,基本与网底支承塔架安装区的面索处于同一水平高度甚至更低,无法给网底支承塔架安装区的面索提供竖向力,这时导索的内力主要由网底支承塔架安装区的面索所提供的水平力平衡,由此导致了在整个牵引过程中,塔架均处于受压状态,且各个节点在牵引过程中均未脱架,而且面索的应力较大。

为了进行塔架内力统计需对塔架进行编号,具体见图 5-57 所示。牵引过程中的塔架内力见表 5-9 所示。

表 5-9 塔架内力统计表 单位:kN

编号	初始态	工况 1	工况 2	工况 3	工况 4	工况 5	工况 6	工况 7
1	−3.3	−2.1	−1.0	−0.9	−0.3	−0.4	−9.3	−8.2
2	−4.3	−3.7	−3.2	−3.2	−2.9	−2.9	−17.1	−16.0
3	−3.5	−2.4	−1.1	−1.0	−0.3	−0.5	−15.7	−13.6
4	−4.3	−3.7	−3.2	−3.2	−2.9	−2.9	−18.7	−18.5
5	−4.1	−2.7	−2.0	−2.0	−1.4	−1.1	−26.6	−24.6
6	−28.4	−27.3	−24.2	−23.8	−23.3	−24.2	−58.1	−54.5
7	−11.5	−8.0	−6.8	−6.7	−5.2	−5.0	−34.9	−34.4
8	−35.2	−42.3	−48.7	−53.8	−51.8	−53.6	−86.2	−83.3
9	−55.6	−69.2	−70.9	−75.1	−72.6	−75.0	−107.1	−104.7
10	−64.3	−81.4	−82.9	−85.9	−83.6	−86.0	−101.0	−111.0
11	−46.3	−59.8	−62.0	−66.0	−62.7	−65.7	−97.8	−96.7
12	−26.4	−38.0	−40.7	−44.9	−39.9	−44.8	−77.3	−76.9
编号	工况 8	工况 9	工况 10	工况 11	工况 12	工况 13	工况 14	工况 15
1	−6.6	−5.9	−5.2	−4.6	−4.0	−3.6	−3.1	−2.6
2	−15.2	−14.8	−14.2	−13.8	−13.3	−13.0	−12.6	−12.2
3	−11.4	−10.3	−9.0	−8.1	−7.2	−6.5	−5.8	−5.1
4	−16.9	−16.4	−15.9	−15.5	−15.0	−14.6	−14.3	−13.9
5	−23.5	−22.6	−21.6	−20.7	−19.7	−18.9	−18.2	−17.3
6	−50.6	−49.0	−47.0	−45.6	−44.2	−43.1	−42.1	−41.0
7	−31.7	−30.8	−29.9	−29.0	−27.9	−27.2	−26.4	−25.6
8	−82.1	−81.4	−80.2	−79.1	−76.6	−75.5	−74.5	−72.9
9	−104.9	−104.8	−104.0	−103.0	−101.0	−100.1	−99.4	−97.9
10	−110.1	−110.5	−110.2	−109.1	−106.5	−105.4	−104.7	−102.9
11	−95.6	−95.4	−94.6	−93.6	−91.6	−90.7	−90.2	−88.6
12	−73.3	−72.6	−71.5	−70.3	−67.8	−66.6	−65.8	−64.2

续表

编号	工况 16	工况 17	工况 18	工况 19	工况 20	工况 21	工况 22
1	0.0	−1.3	0.0	0.0	−1.1	−1.1	−1.1
2	−9.6	−11.2	0.0	0.0	−11.1	−11.1	−11.1
3	−0.2	−3.0	0.0	0.0	−2.7	−2.8	−2.8
4	−11.3	−12.9	0.0	0.0	−12.8	−12.8	−12.8
5	−11.5	−15.2	0.0	0.0	−14.9	−15.0	−15.0
6	−33.5	−37.3	−7.8	−7.6	−36.9	−37.0	−36.9
7	−19.8	−23.5	0.0	0.0	−23.2	−23.3	−23.2
8	−42.2	−57.3	−27.2	−27.3	−51.0	−49.1	−49.0
9	−63.5	−81.7	−50.4	−49.9	−72.7	−70.1	−70.1
10	−66.9	−84.8	−54.4	−52.8	−74.6	−71.5	−71.4
11	−54.2	−71.9	−41.2	−40.6	−63.4	−60.8	−60.8
12	−33.4	−48.4	−18.5	−18.5	−42.2	−40.3	−40.2

注:表中负号表示受压。

牵引过程中塔架内力趋势见图 5-58
所示。

由表 5-9 和图 5-58 可以看出,靠近中
心的塔架在整个牵引过程中内力基本不
变,靠近导索区域的塔架总体上呈先增大
后减小的趋势,最大值达到−111 kN。这
是由于塔架的内力主要由导索及其所牵引
的索网产生,这种影响会随着塔架远离导
索而逐渐减弱。靠近导索的塔架,在牵引
的初始阶段由于所牵引的索网较少,所以
产生的影响较小。随着牵引的进行,索网
的自重逐渐增大,对塔架的影响会逐渐增

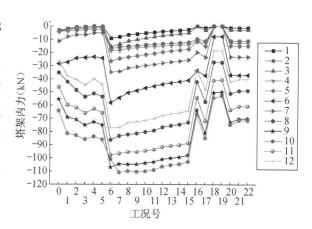

图 5-58 塔架内力趋势图

大。但是在即将牵引到位时,索网已具有相当的整体性,能够承受一定的荷载,所以这个阶段
对塔架的影响会有所下降。

6)下拉索内力

在网底支承塔架安装区面索施工完成以后,就进行下拉索的安
装,此时下拉索的计算长度取无应力长度。在牵引的过程中,下拉索
会与塔架共同承担荷载。

在牵引过程中,下拉索的拉力呈现出明显的阶梯性,由靠近导索
处的下拉索向最中间的下拉索逐渐减小。这是由于导索下端的竖向
荷载由塔架和下拉索共同承受,因此靠近导索的下拉索会承受较大的
拉力,而且拉力会通过面索向里层的下拉索传递,并逐渐减小。

为了对下拉索拉力进行统计,需对下拉索进行编号,具体见图
5-59所示。

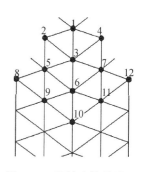

图 5-59 下拉索编号图

141

牵引过程中的下拉索拉力见表5-10所示。

表5-10 下拉索拉力统计表　　　　　　　　　　　　　单位:kN

编号	初始态	工况1	工况2	工况3	工况4	工况5	工况6	工况7
1	0.1	0.1	0.1	0.1	0.1	0.1	8.5	8.4
2	0.1	0.1	0.1	0.1	0.1	0.1	14.1	13.6
3	0.1	0.1	0.1	0.1	0.1	0.1	14.9	14.1
4	0.1	0.1	0.1	0.1	0.1	0.1	15.8	15.8
5	0.1	0.1	0.1	0.1	0.1	0.1	25.8	24.6
6	23.3	22.2	19.9	19.7	19.2	19.8	52.6	49.7
7	7.4	5.4	4.8	4.7	4.0	3.9	34.0	33.8
8	29.7	21.7	24.9	25.0	23.6	23.2	52.1	50.6
9	49.4	46.1	44.3	44.2	43.0	42.8	73.4	71.0
10	58.2	56.9	52.6	52.1	51.4	52.9	92.8	83.6
11	40.2	36.4	35.1	34.9	33.7	33.5	64.1	64.5
12	20.9	17.4	16.2	16.3	14.8	14.5	43.3	41.7

编号	工况8	工况9	工况10	工况11	工况12	工况13	工况14	工况15
1	8.1	8.0	7.9	7.8	7.7	7.7	7.6	7.5
2	13.4	13.2	13.0	12.8	12.6	12.5	12.3	12.2
3	13.1	12.7	12.2	11.9	11.5	11.3	11.0	10.8
4	15.1	14.9	14.7	14.5	14.3	14.2	14.0	13.9
5	24.1	23.6	23.1	22.7	22.2	21.8	21.5	21.1
6	47.0	46.0	44.7	43.9	43.0	42.4	41.8	41.2
7	32.3	31.8	31.3	30.9	30.4	30.1	29.7	29.3
8	49.8	48.9	48.1	47.4	46.5	45.9	45.3	44.6
9	69.8	69.0	68.0	67.2	66.3	65.7	65.1	64.4
10	78.6	76.6	74.1	72.4	70.8	69.6	68.4	67.1
11	60.5	59.7	58.7	57.9	7.1	56.4	55.8	55.1
12	41.0	40.1	39.4	38.6	37.7	37.1	36.5	35.8

编号	工况16	工况17	工况18	工况19	工况20	工况21	工况22	
1	7.8	7.4	5.7	5.7	7.3	7.3	7.3	
2	11.1	11.8	0.4	0.4	11.7	11.7	11.7	
3	9.0	10.0	6.5	6.5	9.9	9.9	9.9	
4	12.8	13.5	0.4	0.4	13.4	13.4	13.4	
5	18.4	20.1	4.7	4.7	20.0	20.0	20.0	
6	37.0	39.1	9.5	9.4	38.9	39.0	38.9	
7	26.7	28.4	4.8	4.7	28.2	28.3	28.2	
8	39.9	43.1	13.2	13.3	42.9	43.0	43.0	
9	59.6	62.6	32.5	32.6	62.3	62.4	62.3	
10	58.8	62.8	33.2	33.0	62.3	62.4	62.4	
11	50.3	53.3	23.3	23.4	53.0	53.1	53.1	
12	31.2	34.3	4.5	4.6	34.2	34.2	34.2	

牵引过程中下拉索拉力趋势见图5-60所示。

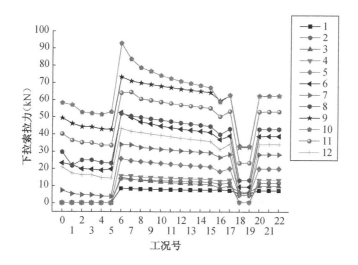

图 5-60　下拉索拉力趋势图

由表 5-10 和图 5-60 可以看出,靠近中心的下拉索在整个牵引过程中内力基本不变,靠近导索的下拉索总体上呈先增大后减小的趋势,最大值达到 93 kN。

可以发现塔架的压力和下拉索的拉力的变化趋势相同,并且下拉索的拉力值和塔架的压力值也基本接近,说明塔架的压力主要是由下拉索引起的。这是因为在计算中,本书将下拉索的计算长度取为无应力长度,这样会导致下拉索在施工开始就参与受力,并且导致塔架产生较大的压力。这将会对施工造成不利的影响,因此建议在施工时,仅将下拉索进行初步预紧,不必张拉到位。

7)网底支承塔架安装区面索应力

在牵引过程中,网底支承塔架安装区面索应力见图 5-61 所示。可见:在牵引过程中,面索应力差别较大,存在着明显的传力路径。

牵引过程中的网底支承塔架安装区面索应力见表 5-11 所示。

表 5-11　网底支承塔架安装区面索应力统计表　　　　　　　　　单位:MPa

编号	初始态	工况 1	工况 2	工况 3	工况 4	工况 5	工况 6	工况 7
最大值	46.2	67.2	78.7	80.6	89.7	94.8	109.9	125.4
编号	工况 8	工况 9	工况 10	工况 11	工况 12	工况 13	工况 14	工况 15
最大值	124.3	130.1	134.8	139.9	146.4	151.4	156.8	162.9
编号	工况 16	工况 17	工况 18	工况 19	工况 20	工况 21	工况 22	
最大值	190.9	185.0	179.8	182.8	188.8	188.4	188.4	

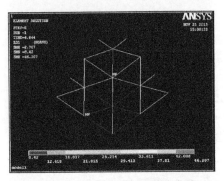

(a) 初始态网底支承塔架安装区面索应力图(MPa)

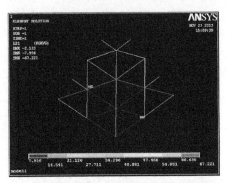

(b) 工况1网底支承塔架安装区面索应力图(MPa)

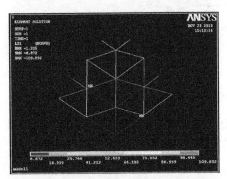

(c) 工况6网底支承塔架安装区面索应力图(MPa)

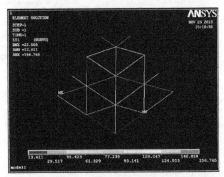

(d) 工况14网底支承塔架安装区面索应力图(MPa)

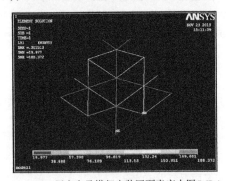

(e) 工况21网底支承塔架安装区面索应力图(MPa)

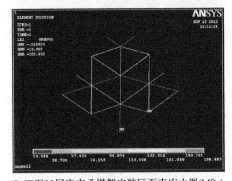

(f) 工况22网底支承塔架安装区面索应力图(MPa)

图 5-61　典型工况网底支承塔架安装区面索应力图

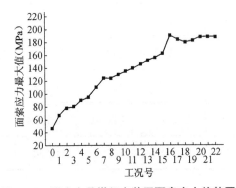

图 5-62　网底支承塔架安装区面索应力趋势图

牵引过程中网底支承塔架安装区面索应力趋势见图 5-62 所示。

由表 5-11 和图 5-62 可见,在整个牵引过程中,网底支承塔架安装区面索应力整体呈增大的趋势,最大值为 191 MPa,在工况 16 达到,其值远小于面索的屈服强度,足以承受牵引过程所受的力。在工况 16 至工况 22 中,最大值基本不再变化。

5.4.1.2 7根导索累积牵引施工过程分析

1)计算工况

荷载条件:荷载包括面索和下拉索及连接节点的自重;导索和牵引索及吊杆的自重。

材料选用:

(1)导索选用 ϕ 28.6 的钢绞线,最小破断力为 996 kN。

(2)牵引索选用 ϕ 21.6 的钢绞线,最小破断力为 530 kN。

(3)吊杆选用 ϕ 15.2 的钢绞线,最小破断力为 260 kN。

(4)索网结构采用初始设计时所采用的参数。

由于索网结构是五轴中心对称结构,同时也是以五条对称轴为基准制定的施工方案。为此在计算分析时,为了减小计算量,加快计算进度,特取 D 轴作为计算样本。

牵引过程为连续施工过程,分析时取 21 种工况,其中开始时因为受力较小,取牵引一格距离为一个计算工况,在最终安装就位时受力较为复杂,取牵引半格距离为一个计算工况。每条导索需牵引索网 23 格(22 个节点)的距离。各工况的位移情况见表 5-12 所示。

表 5-12 牵引工况表

工况号	牵引索网格数	被牵引索网长度 (m)	工况号	牵引索网格数	被牵引索网长度 (m)
初始态	—	—	工况 11	15	154
工况 1	5	44	工况 12	16	165
工况 2	6	55	工况 13	17	176
工况 3	7	66	工况 14	18	187
工况 4	8	77	工况 15	19	198
工况 5	9	88	工况 16	20	209
工况 6	10	99	工况 17	21	220
工况 7	11	110	工况 18	22	231
工况 8	12	121	工况 19	23	236.5
工况 9	13	132	工况 20	23	241.9
工况 10	14	143	工况 21	23	242

通过 5.4.1.1 节的分析不难看出,在整个牵引施工过程中,对计算结果影响较大的是牵引的初始阶段和即将牵引到位时。其中,在牵引初始阶段,结构的位移形状起控制作用,因为刚开始牵引时,结构的整体性较差,整个索网的重力均由导索和牵引索承担,导索此时较容易下凹,最有可能导致索网拖地。同时由于牵引的索网较少,不会对导索、牵引索及整体结构产生较大的力。

而即将牵引到位时,结构的内力起控制作用,这是因为在即将牵引到位时,牵引的索网较多,而此时索网结构重力还是由导索和牵引索来承担的,因此会对导索、牵引索及整体结构产生较大的力。同时由于索网的重力均匀施加在导索上,所以导索的下部不会因集中受力而下凹,若是牵引初始阶段的位移形状合适的话,此时位移形状也会合适。

考虑到计算的简化处理,基于以上原因,特取牵引初始阶段的几种计算工况(0、1、2、3)和即将牵引到位的几种工况(21、20、19、18、17)进行计算分析。

由于各工况的计算模型与 5.4.1.1 节中 1)的计算模型基本相同,此处仅取初始态和牵引到位时的工况(工况 21)作为示意,见图 5-63 和图 5-64 所示。

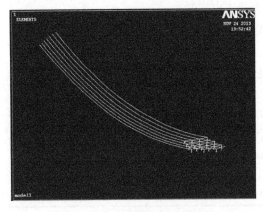
图 5-63　初始态模型示意图

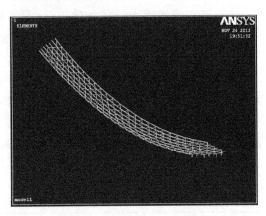
图 5-64　工况 21 模型示意图

2) 牵引过程中导索位移形状图

由于计算部分结构基本处于对称状态,各根导索的位移形状基本相同,为清晰起见,取轴线上的导索作为展示对象。

由于各工况导索的位移形状与 5.4.1.1 节中 2)的导索的位移形状基本相同,此处仅取牵引初始阶段(工况 1)和即将牵引到位时(工况 20)作为示意,见图 5-65 和图 5-66 所示。

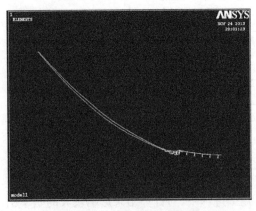
图 5-65　工况 1 导索位形图

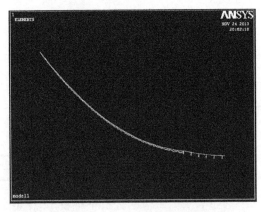
图 5-66　工况 20 导索位形图

计算分析表明,导索安装就位以后,尚未进行牵引之前,导索在自重作用下与对应位置处球面径向拉索基本平行,满足牵引的初始条件。

在牵引过程中,由于导索的刚度较弱,垂度较大,在牵引的初始阶段,靠近网底支承塔架安装区的导索在被牵引索网的作用下,会产生明显的竖向位移,其最低点的高度要低于网底支承塔架安装区塔架的高度,同时,此处的索网面索所受的牵引力较小,会产生明显的下垂。因此,索网在牵引过程中有可能会拖地。

随着牵引的进行,结构刚度逐渐变大,靠近塔架安装区域的导索下凹的现象逐渐消失,最终的形状与导索在自重下的形状基本相同。

3) 牵引过程中导索的拉力

在牵引过程中,导索是主要的受力构件,为确保施工方案的安全可行,必须准确确定导索的拉力。在牵引过程,根据 5.4.1.1 节中 3)的分析可以看出导索拉力的最大值基本出现在即将牵引到位的阶段中,因此此处仅展现最后几种工况中导索的拉力,并以此确定导索拉力的最大值。典型计算工况导索的拉力见图 5-67 和图 5-68 所示。

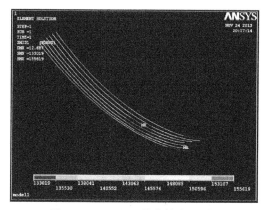
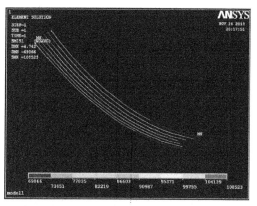

图 5-67 工况 17 导索拉力图(N)　　　图 5-68 工况 20 导索拉力图(N)

根据计算结果和 5.4.1.1 节中 3)的分析,导索的拉力最大值随着牵引过程的进行,会出现在不同位置。在牵引的初始阶段,由于导索在自重和被牵引索网的作用下会产生明显的下凹,此时的最大值出现在与塔架原位安装区临近的部分。在牵引过程的中间阶段,随着被牵引索网的逐渐增多,导索的下凹位置逐渐上移,导索拉力最大值出现的位置也开始上移,最大值会出现在导索的中下部位。在即将牵引到位的阶段中,索网已经基本牵引到位,此时导索已经基本不再下凹,导索拉力最大值出现在与钢环梁相连的部分。

值得注意的是,在整个牵引过程中,单根导索的拉力通常在靠近钢环梁处达到最大值或者较大值,此处的拉力值可以有效地代表导索拉力的变化情况。因此在导索拉力统计过程中,以每根导索最靠近钢环梁端的拉力作为其代表值。

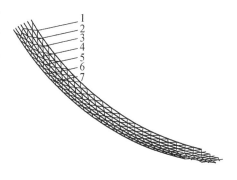

在即将牵引到位阶段导索的拉力会较初始阶段明显增大,因此,为了简单清晰起见在进行拉力统计时,仅分析工况 17 至工况 21,并由此得出最不利工况及最不利拉力。

为了进行拉力统计需对导索进行编号,具体见图 5-69所示;牵引过程中的导索拉力见表 5-13 所示。

图 5-69 导索编号图

由表 5-13 可见,在牵引过程中,工况 17 时达到最大值,最大值为 152 kN。同时由于牵引结构是对称的,位于中间位置处的 4 号导索拉力较大,1 号与 7 号、2 号与 6 号、3 号与 5 号的导索拉力分别相同,且由中间向两边递减,但整体相差不大。

表 5-13　导索拉力统计表　　　　　　　　　　　　　　单位:kN

	工况 17	工况 18	工况 19	工况 20	工况 21	最大值
1	139.6	136.1	131.4	98.1	86.4	139.6
2	150.2	146.9	139.8	107.9	94.6	150.2
3	151.2	148.3	142.3	107.1	93.6	151.2
4	151.9	149.4	144.6	107.4	93.8	151.9
5	151.4	148.5	143.0	106.7	93.1	151.4
6	150.3	146.8	140.8	108.5	95.2	150.3
7	139.5	135.9	130.0	98.6	86.8	139.5

4) 牵引过程中牵引索的拉力

在牵引过程中,牵引索是主要的受力构件,为确保施工方案的安全可行,必须准确确定牵引索的拉力。在牵引过程中,根据 5.4.1.1 节中 4)的分析可以看出牵引索拉力的最大值基本出现在即将牵引到位的阶段中,因此此处仅展现最后几种工况中牵引索的拉力,并以此确定牵引索拉力的最大值。典型计算工况牵引索的拉力见图 5-70 和图 5-71 所示。

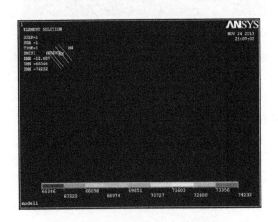

图 5-70　工况 17 牵引索拉力图(N)

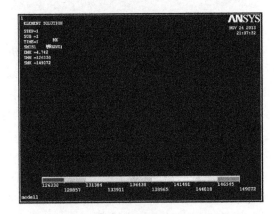

图 5-71　工况 20 牵引索拉力图(N)

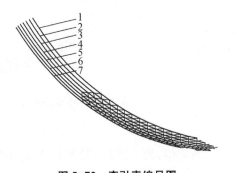

图 5-72　牵引索编号图

根据计算结果,在接近就位时拉力达到最大,且靠近对称轴处的牵引索的拉力相对更大。在拉力达到最大的工况 20 下,牵引索拉力最大值为 149 kN,边缘处牵引索的拉力较小,为 126 kN。

为了进行拉力统计,需对牵引索进行编号,具体见图 5-72 所示;牵引过程中的牵引索拉力见表 5-14 所示。

表 5-14　牵引索拉力统计表　　　　　　　　　单位:kN

	工况 17	工况 18	工况 19	工况 20	最大值
1	66.3	71.7	78.0	127.0	127.0
2	69.7	76.3	86.5	132.7	132.7
3	71.7	78.5	87.1	139.9	139.9
4	74.2	81.4	89.5	149.1	149.1
5	72.3	79.1	87.2	141.0	141.0
6	69.6	76.3	85.3	132.0	132.0
7	66.4	71.6	79.2	126.3	126.3

由表 5-14 可见,在牵引过程中,牵引索的拉力整体呈现增大的趋势,在工况 20 时达到最大值,最大牵引拉力为 149 kN,此时已牵引到位。

5)塔架内力

根据 5.4.1.1 节中 5)的分析,塔架的压力和下拉索的拉力的变化趋势相同,并且下拉索的拉力值和塔架的压力值也基本接近,说明塔架的压力主要是由下拉索引起的。这是因为在计算中,本书将下拉索的计算长度取为无应力长度,这样会导致下拉索在施工开始就参与受力,并且导致塔架产生较大的压力。为此,本书在进行 7 根导索牵引过程分析时,对下拉索的安装方案进行了调整。

在网底支承塔架安装区面索施工完成以后,下拉索施工时,只需要稍微预紧一下,即此时的安装长度大于下拉索的无应力长度。在初始的牵引过程中下拉索不受力,支承塔架安装区的竖向力均由塔架承担,随着施工的进行,节点板会脱架,在脱架前将下拉索的长度调整到无应力长度+300 mm 的位置,此时随着牵引的进行下拉索和塔架会共同受力,来平衡支承塔架安装区面索和导索及被牵引索网的力。

在牵引过程中,典型工况下塔架的内力见图 5-73 和图 5-74 所示。

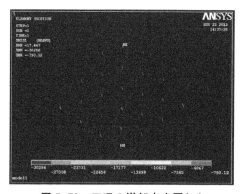

图 5-73　工况 3 塔架内力图(N)

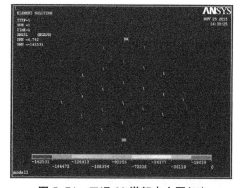

图 5-74　工况 20 塔架内力图(N)

在牵引即将到位时,塔架的最大压力统计见表 5-15 所示。

表 5-15　网底支承塔架安装区塔架最大压力统计表　　　　单位:kN

	工况 17	工况 18	工况 19	工况 20	工况 21
最大值	187	182	177	163	22

根据 5.4.1.1 节中 5)的分析及计算结果可见,在牵引的初始阶段,下拉索处于松弛状态,不参与受力。由于导索在自重和被牵引索网的作用下,在与网底支承塔架安装区的连接部位有着明显的下凹,无法给网底支承塔架安装区的面索提供向上的力,竖向力由塔架来承担,导致在牵引的初始阶段,靠近导索的塔架均处于受压状态,而远离导索的塔架受的压力相对较小。但是此时,下拉索不参与受力,所以塔架所受的压力较牵引过程的后半段小。

随着牵引的进行,调整下拉索的长度以后,下拉索开始与塔架共同受力,此时靠近导索的塔架的内力增大较多,受较大的压力,最大值达到 187 kN。而远离导索的塔架大部分已经脱架。

6) 下拉索内力

在网底支承塔架安装区面索施工完成后,安装下拉索,初始阶段下拉索仅需预紧。随着牵引的进行,节点逐渐脱架,此时调节下拉索的长度至无应力长度＋300 mm。

在即将牵引到位的阶段中,典型工况下下拉索的拉力见图 5-75 和图 5-76 所示。

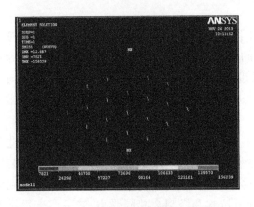

图 5-75　工况 17 下拉索拉力图(N)

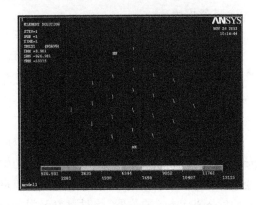

图 5-76　工况 21 下拉索拉力图(N)

即将牵引到位时,各计算工况下下拉索最大值统计表见表 5-16 所示。

表 5-16　网底支承塔架安装区下拉索最大拉力统计表　　　　单位:kN

	工况 17	工况 18	工况 19	工况 20	工况 21
最大值	156	156	156	152	13

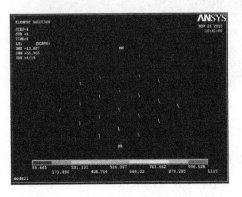

图 5-77　工况 17 下拉索应力图(MPa)

由表 5-16 可以看出,在下拉索长度调整以后,随着牵引的进行,下拉索仍旧会产生较大的拉力。同时,由表 5-15 可以看出,塔架会产生较大的压力,说明下拉索会和塔架共同受力。塔架由下拉索引起的压力达到 187 kN,将会给塔架的设计制造一定的困难。

工况 17 下拉索的应力图如图 5-77 所示。可见:在工况 17 时,下拉索的最大应力达到 1 115 MPa,不满足施工的要求。

7) 网底支承塔架安装区面索应力

在即将牵引到位的阶段,典型工况下网底支承塔架安装区面索应力见图 5-78 和图 5-79 所示。

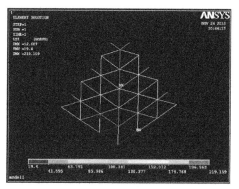
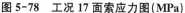

图 5-78　工况 17 面索应力图(MPa)

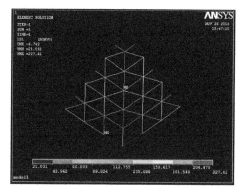

图 5-79　工况 21 面索应力图(MPa)

即将牵引到位时的网底支承塔架安装区面索应力最大值见表 5-17 所示。

表 5-17　网底支承塔架安装区面索应力最大值统计表　　　　单位:MPa

	工况 17	工况 18	工况 19	工况 20	工况 21
最大值	219	219	218	227	195

由表 5-17 可见,在整个牵引过程中,网底支承塔架安装区面索的最大应力约为 227 MPa,远小于面索的屈服强度,足以承受牵引过程所引起的荷载。

5.4.1.3　3 根导索累积牵引施工过程分析

取出五分之一对称轴上的 1 根导索进行累积滑移施工全过程数值模拟分析,以掌握关键阶段的施工状态,为施工、监测提供参数和依据。

1) 分析模型

主索的顶端和底端的水平距离为 218.8 m,落差为 134.0 m,斜向距离为 256.6 m。26 根主索通过节点板顺次连接,总原长为 264.0 m(图 5-80)。导索顶端和底端的标高分别比主索的高 0.5 m,其总原长取值与主索的相同。主索节点板与导索之间连接有 0.5 m 长的吊杆。

单元划分:将牵引索和 26 根主索分别划分为 10 个等原长的单元来模拟松垂拉索;导索与主索对应划分为 26 段,其中顶端一段划分为 10 个单元,其余每段划分为一个单元;吊杆划分为一个单元。考虑每根吊杆下有节点板、手拉葫芦、下拉索等荷载,设吊杆受竖直向下的集中力 $F=5$ kN(图 5-81)。

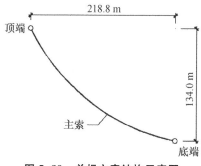

图 5-80　单根主索结构示意图

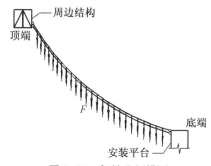

图 5-81　初始分析模型

主索为 $7\phi_s21.6$ 钢绞线束,导索采用 1 根 $6\times37S+FC\phi36$ 钢丝绳,牵引索采用 1 根

$\phi_s 15.24$钢绞线,构件力学参数见表5-18所示。

表5-18　构件力学参数

构件	截面积(mm^2)	密度($\times 10^3 kg/m^3$)	弹性模量($\times 10^5 MPa$)
导索	477	9.28	1.1
吊杆	139	7.85	2.06
主索	980	7.85	1.95
牵引索	139	7.85	2.0

采用 ANSYS 有限元软件,建立整体有限元模型,构件均采用 Link 8 杆单元。基于该软件二次开发平台编制"NDFEM"法找形分析程序,设定分析参数和收敛标准:单次动力分析时间步数允许最大值$[N_{ts}] = 5$,单个时间步动力平衡迭代次数允许最大值$[N_{ei}] = 50$,初始时间步长 $\Delta T_{s(1)} = 0.5$ s,时间步长调整系数 $C_{ts} = 1.2$,动力平衡迭代位移收敛值$[U_{ei}] = 0.005$ mm, 位形更新迭代位移收敛值$[U_{ci}] = 2$ mm。

2) 牵引滑移过程分析工况

串联拉索沿导索空中累积滑移安装的计算过程与施工过程是相逆的,即计算分析的初始状态为施工完成状态,然后按照逆向的顺序放长牵引索,使主索沿导索向下滑移,在此过程中逐一计算施工过程各阶段的力学状态。牵引滑移过程分析工况见表5-19所示,从工况24向工况1依次分析,前个收敛的工况模型作为下一个工况分析的初始模型。

表5-19　牵引滑移分析工况

工况	1	2	3	4	5
牵引索原长(m)	240	230	220	210	200
工况	6	7	8	9	10
牵引索原长(m)	190	180	170	160	150
工况	11	12	13	14	15
牵引索原长(m)	140	130	120	110	100
工况	16	17	18	19	20
牵引索原长(m)	90	80	70	60	50
工况	21	22	23	24	25
牵引索原长(m)	40	30	20	10	0

3) 不同导索原长的牵引滑移过程分析对比

设定不同的导索原长,对比分析其对牵引过程状态的影响。设导索原长分别等同于主索原长($S=264.0$ m)、导索端点距离($S=256.6$ m)及两者中间值($S=260.3$ m)。调整导索单元原长采用策略四——"逐单元递推倍增",设参数$\lambda=7,R_u=0.004,R_l=0.0004$。

经过分析,得到三种主索原长下各工况的位形,以及导索和牵引索的受力情况。导索原长$S=260.3$ m时,各工况的位形见图5-82所示。可见:随牵引索原长逐渐缩短,主索沿导索累积向上滑移。

对比导索三种原长下工况1和工况4的位形(图5-82(a)(b)、图5-83和图5-84),可见:

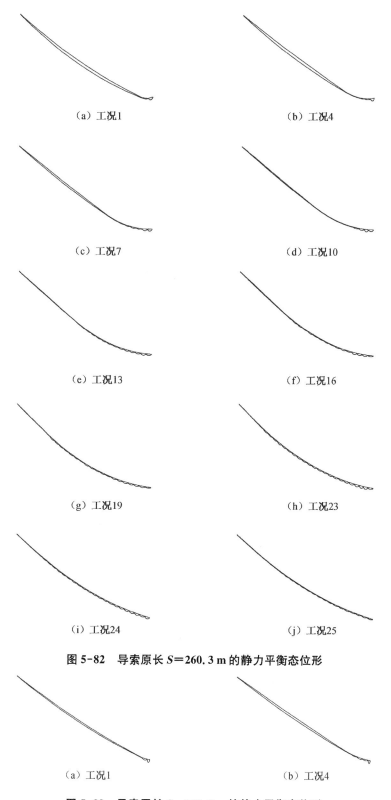

（a）工况1　　　　　　　　（b）工况4

（c）工况7　　　　　　　　（d）工况10

（e）工况13　　　　　　　　（f）工况16

（g）工况19　　　　　　　　（h）工况23

（i）工况24　　　　　　　　（j）工况25

图 5-82　导索原长 $S=260.3$ m 的静力平衡态位形

（a）工况1　　　　　　　　（b）工况4

图 5-83　导索原长 $S=256.6$ m 的静力平衡态位形

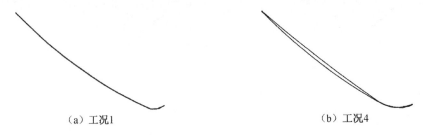

（a）工况1 （b）工况4

图 5-84 导索原长 $S=264.0$ m 的静力平衡态位形

导索原长较长（$S=264.0$ m）时，起始工况的导索下端线形更加平缓，甚至可能出现下凹，不利于滑移，因此从导索线形方面来说，起始工况是最不利的，导索原长不宜过长且不应超过主索原长。

在不同导索原长条件下，对比导索和牵引索的拉力（表 5-20、表 5-21、图 5-85 和图 5-86），经分析结果可得：

(1) 随牵引过程，导索拉力先升后降，中后期出现峰值。

(2) 导索原长较短（$S=256.6$ m）时，导索拉力明显增加，且末期拉力降低幅度小。

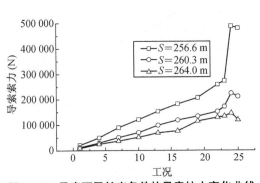

图 5-85 导索不同长度条件的导索拉力变化曲线

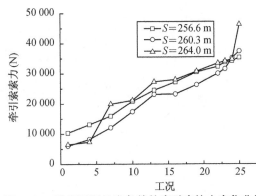

图 5-86 导索不同长度条件的牵引索拉力变化曲线

表 5-20 三种导索原长下导索拉力 单位:kN

工况		1	4	7	10	13	16	19	22	23	24	25
牵引索长(m)		240	210	180	150	120	90	60	30	20	10	0
导索原长(m)	256.6	21	50	89	121	153	182	207	259	274	489	481
	260.3	12	29	51	70	99	119	134	152	172	224	211
	264.0	9	25	37	51	69	76	115	129	134	146	119

表 5-21 三种导索原长下牵引索拉力 单位:kN

工况		1	4	7	10	13	16	19	22	23	24	25
牵引索长(m)		240	210	180	150	120	90	60	30	20	10	0
导索原长(m)	256.6	10.3	13.1	15.9	20.8	24.5	27.2	30.5	32.3	33.8	34.2	35.3
	260.3	6.0	8.3	12.1	17.3	23.1	23.2	26.3	30.1	31.6	35.2	37.4
	264.0	6.5	7.3	19.9	21.1	27.3	28.0	30.8	33.4	34.1	34.8	46.3

（3）随牵引过程，牵引索拉力总体变化不大，但当导索原长较长（$S=264.0$ m）时，末期牵引索拉力迅速增加。

（4）三个导索原长中，中间值（$S=260.3$ m）避免了过大的导索拉力或牵引索拉力，显然是较优的选择。

总之，导索和牵引索的拉力变化受导索原长影响较大，且较为敏感；合理的导索原长应介于主索原长和两端点距离之间。

实际施工中，五分之一对称轴布置的 3 根导索原长为与其对应位置处主索原长缩短 6.5 m，长度均在主索原长和两端点距离之间。导索最大拉力为 245 kN，导索破断力为 797 kN，安全系数为 3.25；牵引索最大拉力为 37 kN，牵引索破断力为 260 kN，安全系数为 7.03，满足施工安全性要求。

5.4.1.4 小结

对称轴处沿导索牵引安装区索网施工过程进行了详细的分析，以确定施工方案的可行性，同时根据计算结果，提出了实际施工时所需要的施工参数，包括用于确定导索直径的导索拉力、用于确定牵引索直径的牵引索拉力、索网在牵引过程中的形状等。

分析方法采用 ANSYS 有限元分析软件，基于该软件二次开发平台编制"NDFEM"法找形分析程序，采用"逐单元递推倍增"策略（策略四）进行导索单元原长的调整。设定不同的导索原长，采用计算过程与施工过程相逆的分析方法，对比分析不同导索原长对牵引过程状态的影响情况。

首先对 5 根导索的方案进行了详细的计算分析，从分析结果中可以看出一些问题，比如说：牵引过程中导索有可能下凹而导致索网拖地、塔架由于下拉索参与作用而受较大的压力、下拉索的安装方法等。同时，可以发现很多的规律，比如说：①导索在牵引的初始阶段中下凹较明显，在牵引过程的后半段，下凹的现象会有所缓解；②导索拉力的变化规律：在牵引后半程的某个工况下达到最大值；③牵引索拉力的变化规律：在牵引到位时达到最大值；④塔架压力在牵引过程中变化很小，且受下拉索的影响较大；⑤下拉索的拉力在牵引过程中变化很小，且会和塔架共同受力；⑥面索的应力在合理范围以内，满足承载力的要求。

然后，对 7 根导索的方案进行了计算分析，由于上文对 5 根导索的方案进行了详细的计算，再对 7 根导索方案计算时，仅对计算结果影响较大的初始牵引阶段和即将牵引到位的阶段进行了较为详尽的计算，并对下拉索的安装方案进行了调整，但是计算结果显示效果不好，塔架压力偏大，塔架和下拉索共同受力现象严重。

最后，对实际工程中所采用的五分之一对称轴布置的 3 根导索的方案进行了介绍，得出：随牵引过程，导索拉力先升后降，中后期出现峰值；导索原长较短（$S=256.6$ m）时，导索拉力明显增加，且末期拉力降低幅度小；随牵引过程，牵引索拉力总体变化不大，但当导索原长较长（$S=264.0$ m）时，末期牵引索拉力迅速增加；三个导索原长中，中间值（$S=260.3$ m）避免了过大的导索拉力或牵引索拉力，显然是较优的选择。总之，导索和牵引索的拉力变化受导索原长影响较大，且较为敏感，合理的导索原长应介于主索原长和两端点距离之间。另外，五分之一对称轴布置的 3 根导索原长为与其对应位置处主索原长缩短 6.5 m，长度均在主索原长和两端点距离之间。导索最大拉力为 245 kN，导索破断力为 797 kN，安全系数为 3.25；牵引索最大拉力为 37 kN，牵引索破断力为 260 kN，安全系数为 7.03，满足施工安全性要求。

5.4.2 支承塔架安装区塔架设计与施工过程分析

沿导索牵引安装区的导索和扩展部分安装区的猫道下端均锚固在支承塔架安装区的独立塔架上。在施工过程中,独立塔架将要承受来自导索和猫道索巨大的拉力,在最不利工况下拉力将达到几十吨,为确保施工过程中的安全性,必须对支承塔架安装区的独立塔架进行专门设计,并对独立塔架进行施工过程分析,从而制定安全可靠的施工方案。

5.4.2.1 支承塔架安装区塔架设计

导索和猫道索传到塔架上的巨大拉力,作用方向与水平夹角约 15°斜向上,若仅由独立塔架承担,将会出现以下一些问题:①需要塔架各钢构件的横截面积非常大才能满足要求,这样势必会大大增加用钢量;②独立塔架底部将产生巨大的上拔力,使得基础设计尤为困难,也将使成本大大提高。

针对以上可能遇到的问题,本书对塔架进行了如下设计:

(1)为提高塔架的整体稳定性及共同受力工作等性能,在独立塔架之间设置单层平面桁架,将独立塔架相连接组成整体。

(2)每个塔架均设置 2 束塔架背索,和塔架共同工作承担导索和猫道索传来的拉力,可大大减小塔架构件的横截面积,且使塔架基础承受的上拔力显著减小。

塔架设计包括:①独立塔架、塔架背索及塔架和背索基础布置;②独立塔架及单层平面桁架设计;③独立塔架和背索基础设计。

1)塔架及基础布置

塔架位置布置情况如图 5-87 所示,"□"为独立支承胎架,共 30 个;"○"为用来连接施工导索下端的独立塔架,共 15 个,其中 14 个在主索第三环节点处,由于施工需要另 1 个设置在主索第四环节点处;"⊙"为用来连接施工猫道索下端的独立塔架,共 5 个,设置在主索第四环节点处。

基础布置包括塔架基础布置和背索基础布置(图 5-88),环路两侧共 20 个基础为塔架基础,尺寸为 5.5 m×5.5 m×1.5 m;靠近集水渠有 10 个基础,作为塔架背索锚碇基础。

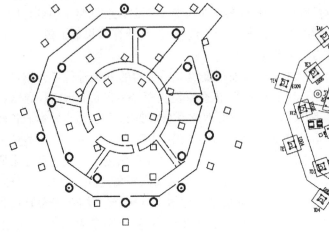

图 5-87　塔架位置布置图

图 5-88　基础布置图

2）独立塔架及平面桁架设计

塔架杆件和节点均采用 Q235B 钢材，其质量标准应符合《低合金高强度结构钢》(GB/T 1591—2008)的规定，应均具有屈服强度、抗拉极限强度、伸长率、冲击试验、冷弯试验和 C、S、P 含量的合格保证。钢材屈服强度实测值与抗拉强度实测值的比值不应大于 0.85；应有明显的屈服台阶；伸长率应大于 20%；应有良好的焊接性和合格的冲击韧性。

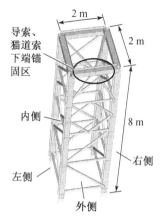

图 5-89　独立塔架示意图

钢结构型钢选用：H 型钢 H200×100×5.5×8、H200×200×8×12 和 H250×250×9×14，槽钢 2×[40A，圆钢管 O73×4 和 O102×5。

独立塔架整体尺寸为 2 m×2 m×8 m，由立柱、连接杆件及索锚固调节端组成，导索、猫道索下端锚固调节端对应塔架的外侧(图 5-89)。塔架外侧和内侧的连接杆件与立柱通过摩擦型高强螺栓连接，在保证安全可靠的前提下便于施工安装；塔架左侧和右侧的连接杆件与立柱通过焊缝连接，可有效提高塔架沿拉力方向的整体刚度。

平面桁架由型钢和圆钢管焊接而成，宽度约为 1.5m，两端分别与相邻两个塔架立柱上端的锚梁焊接(图 5-90)。

图 5-90　平面桁架示意图

其中构件尺寸如下：

(1) 猫道塔架：立柱选用 H250×250×9×14，猫道调节端选用 2×[40A，连接杆件采用 O102×5。

(2) 导索塔架：立柱和导索锚固调节端选用 H200×200×8×12，连接杆件采用 O102×5 圆钢管。

(3) 平面桁架：弦杆采用 H200×100×5.5×8，腹杆采用 O73×4 圆钢管。

每个塔架均设置 2 束塔架背索，每束背索采用 4 根 φ15.2 钢绞线，材质为 JTG—f_{pk}1860。

构件材质及截面规格表见表 5-22 所示，另外，塔架三维图见图 5-91 所示。

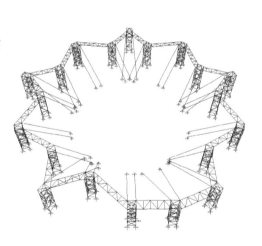

图 5-91　塔架三维图

表 5-22　构件材质及截面规格表

	材质	截面规格
猫道独立塔架	Q235B	H250×250×9×14；2×[40A；O102×5
导索独立塔架	Q235B	H200×200×8×12；O102×5
平面桁架	Q235B	H200×100×5.5×8；O73×4
塔架背索	JTG—f_{pk}1860	4×φ15.2

5.4.2.2 塔架施工过程分析

1）结构荷载

通过对沿导索牵引安装区和扩展部分安装区进行施工过程分析,可得到导索和猫道索对下锚固点的作用力。其中猫道索下端拉力最大值近 80 t,导索下端拉力最大值近 30 t。通过导索和猫道索分析结果,本书针对塔架施工过程分析时,主要考虑以下荷载和作用(图 5-92)：

(1) 结构自重 DEAD,即独立塔架、平面桁架和背索总重。

(2) 猫道受力最不利时作用在猫道塔架上的力 $F1$(设水平力为 100 t,竖向力为 20 t)。

(3) 猫道自重作用下在猫道塔架上的力 $F2$(设水平力为 20 t,竖向力为 4 t)。

(4) 导索受力最不利时作用在导索塔架上的力 $F3$(设水平力为 40 t,竖向力为 15 t)。

(5) 导索自重作用下在导索塔架上的力 $F4$(设水平力为 8 t,竖向力为 3 t)。

(6) 加在背索上的预应力。其中猫道塔架的背索定义为 PRET1 拉索组;塔架平面图中向内凹的 10 个导索塔架的背索定义为 PRET2 拉索组;其余 5 个导索塔架的背索定义为 PRET3 拉索组(图 5-93)。

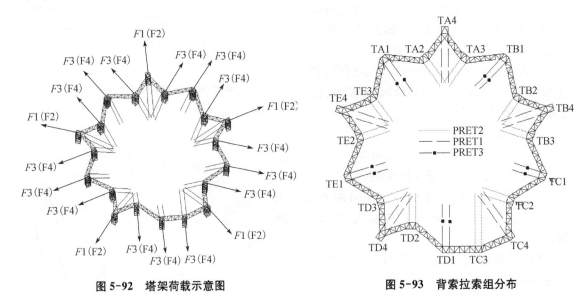

图 5-92 塔架荷载示意图   图 5-93 背索拉索组分布

2）荷载组合

根据施工过程设定多组荷载组合,对模型进行施工过程分析(表 5-23)。各荷载组合的意义如下：

(1) 荷载组合 1:张拉 PRET2 拉索组的背索,考虑塔架重力有利作用下,分析塔架的受力情况。

(2) 荷载组合 2～3:张拉 PRET2 拉索组的背索,导索和猫道索安装完成后,考虑塔架重力不利及有利作用下,分析塔架的受力情况。

(3) 荷载组合 4:张拉 PRET2 拉索组和 PRET3 拉索组的背索,考虑塔架、导索和猫道索重力有利作用下,分析塔架的受力情况。

(4) 荷载组合 5～6:张拉 PRET2 拉索组和 PRET3 拉索组的背索,导索下端拉力最大时,考虑塔架重力不利及有利作用下,分析塔架的受力情况。

(5)荷载组合7:张拉 PRET1 拉索组和 PRET2 拉索组的背索,考虑塔架、导索和猫道索重力有利作用下,分析塔架的受力情况。

(6)荷载组合8~9:张拉 PRET1 拉索组和 PRET2 拉索组的背索,猫道索下端拉力最大时,考虑塔架重力不利及有利作用下,分析塔架的受力情况。

(7)荷载组合10~13:施工过程中,关键阶段下,分析塔架的变形情况。

表5-23 荷载组合表

荷载组合		DEAD	$F1$	$F2$	$F3$	$F4$	PRET1	PRET2	PRET3
承载能力	1	1	—	—	—	—	—	1.2	—
	2	1.2	—	1.4	—	1.4	—	1.2	—
	3	1	—	1.4	—	1.4	—	1.2	—
	4	1	—	1	—	1	—	1.2	1.2
	5	1.2	—	1.4	1.4	—	—	1.2	1.2
	6	1	—	1.4	1.4	—	—	1.2	1.2
	7	1	—	1	—	1	1.2	1.2	—
	8	1.2	1.4	—	—	1.4	1.2	1.2	—
	9	1	1.4	—	—	1.4	1.2	.2	—
正常使用	10	1	—	1	—	1	—	1	1
	11	1	—	1	—	1	1	1	—
	12	1	—	1	1	—	—	1	1
	13	1	1	—	—	1	1	1	—

5.4.2.3 塔架结构静力分析结果

1)承载能力极限状态验算

经过分析,可得各杆件按照强度和稳定验算的应力比结果(图5-94~图5-97)。

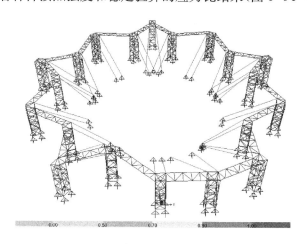

图5-94 塔架结构应力比(整体)

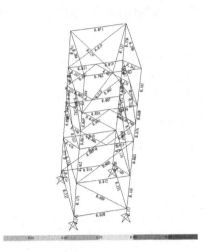

图 5-95　塔架结构应力比(猫道塔架)

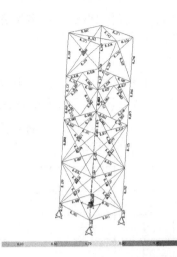

图 5-96　塔架结构应力比(导索塔架)

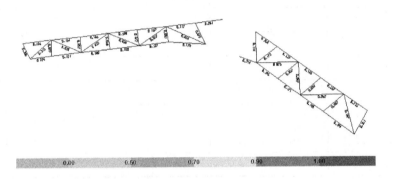

图 5-97　塔架结构应力比(平面桁架)

根据验算结果,从塔架在各种荷载组合下的最不利应力比中,取出应力比最大的 20 个构件单元的验算结果(表 5-24)。

表 5-24　塔架计算应力比最大的 20 个构件单元的验算结果

序号	单元编号	截面型号	对应荷载组合	应力比
1	87	2×[40A	9	0.903
2	84	2×[40A	9	0.903
3	29	H200×200×8×12	5	0.834
4	26	H200×200×8×12	5	0.834
5	229	H200×200×8×12	6	0.820
6	55	H200×200×8×12	6	0.820
7	58	H200×200×8×12	6	0.819
8	232	H200×200×8×12	6	0.819

序号	单元编号	截面型号	对应荷载组合	应力比
9	227	H200×200×8×12	7	0.715
10	53	H200×200×8×12	7	0.713
11	967	O102×5	8	0.616
12	964	O102×5	7	0.611
13	215	H200×200×8×12	7	0.578
14	41	H200×200×8×12	7	0.577
15	224	H200×200×8×12	7	0.568
16	50	H200×200×8×12	7	0.566
17	963	O102×5	8	0.497
18	968	O102×5	7	0.485
19	912	O102×5	6	0.473
20	1352	O102×5	6	0.473

由验算结果可见,应力比最大值为 0.903,出现在猫道调节端处,对应荷载组合 9,即沿猫道安装扩展部分的结构索,猫道索下端拉力达到最大值时,对塔架结构受力最不利;应力比超过 0.7 的构件均为导索独立塔架的立柱;绝大多数构件的应力比均在 0.5 以下。各荷载组合下,背索的拉力均在拉索破断力的 0.5 倍以下,均满足要求。

2) 正常使用极限状态验算

根据验算结果,从塔架在各种荷载组合下的最不利变形中,取出位移最大的 20 个节点的位移值(表 5-25)。可见,塔架结构在正常使用极限状态的荷载组合中,在荷载组合 12 下结构变形达到最大,即沿导索安装结构索,导索下端拉力达到最大值时,对塔架结构变形最不利,最大位移值为 15.80 mm。由 15.8/8 000=1/506,得塔架正常使用极限状态验算满足要求。

表 5-25　塔架位移最大的 20 个节点的位移值

序号	节点编号	对应荷载组合	U_x(mm)	U_y(mm)	U_z(mm)	U(mm)
1	586	12	−7.47	13.83	−1.65	15.80
2	594	12	−10.82	11.39	−1.64	15.80
3	588	12	−7.52	13.84	−0.53	15.77
4	596	12	−10.82	11.45	−0.52	15.77
5	584	12	−7.62	13.36	−3.08	15.68
6	592	12	−10.32	11.40	−3.07	15.68
7	587	12	−7.32	13.78	−0.18	15.61
8	582	12	−7.78	12.88	−4.12	15.60
9	595	12	−10.82	11.24	−0.14	15.60
10	590	12	−9.81	11.40	−4.12	15.59

序号	节点编号	对应荷载组合	U_x(mm)	U_y(mm)	U_z(mm)	U(mm)
11	585	12	−7.71	13.38	−1.91	15.56
12	593	12	−10.31	11.48	−1.86	15.54
13	597	12	−10.83	10.98	1.49	15.50
14	589	12	−7.07	13.71	1.47	15.50
15	583	12	−8.03	12.95	−2.68	15.47
16	591	12	−9.80	11.65	−2.62	15.45
17	161	12	−9.88	11.50	−0.76	15.18
18	45	12	−7.86	12.95	−0.76	15.17
19	581	12	−8.31	11.47	−4.59	14.89
20	452	12	−8.60	11.87	−1.31	14.72

5.4.2.4 小结

为减少高空作业量,同时加快施工进度,考虑对索网节点距地面高度不大的区域实行独立塔架安装的施工方式。关于支承塔架安装区范围的选择,考虑到施工成本的控制问题,同时兼顾施工的可行性和施工进度的问题,取中心四环作为支承塔架原位安装区。

根据沿导索牵引安装区的导索和扩展部分安装区的猫道下端锚固位置,结合施工现场情况确定了独立塔架的布置位置。通过对沿导索牵引安装区和扩展部分安装区进行施工过程分析,得到导索和猫道索对下锚固点的作用力。根据作用力大小及方向,确定了通过单层平面桁架连接独立塔架增加结构整体性,通过设置背索减小塔架负担的塔架总体设计方案。根据施工过程设定多组荷载组合,对塔架进行了施工过程分析,通过分析得出了以下结论:

(1)背索张拉力及张拉顺序对塔架受力影响很大,通过设定多组荷载组合对模型进行分析计算及优化,确定了一套切实可行的施工方案。

(2)对塔架结构进行了承载能力极限状态验算,得出应力比最大值出现在猫道调节端处,对应施工阶段为沿猫道安装扩展部分的结构索,猫道索下端拉力达到最大值时,此时塔架结构受力最不利;其余绝大多数构件的应力比均在 0.5 以下;各荷载组合下,背索的拉力均在拉索破断力的 0.5 倍以下,均满足要求。

(3)对塔架结构进行了正常使用极限状态验算,得出沿导索安装结构索,导索下端拉力达到最大值时,塔架结构变形最不利,最大位移值为 15.80 mm。由 15.8/8 000＝1/506,得塔架正常使用极限状态验算满足要求。

(4)经过统计,总的用钢量理论净重约为 90 t,较为经济,方案可行。

该方案已成功在 FAST 工程中应用,完成了索网安装,见图 5-98 所示。

图 5-98　中部支承塔架现场照片

5.5 FAST 索网支承结构误差敏感性分析

作为高精度的天文望远镜,FAST 索网支承结构的制作和安装精度要求都非常高,所以精度控制就异常重要。索网支承结构的设计是一个确定的过程,而索网制作与施工安装过程中误差的产生却是一个随机的过程。拉索的无应力长度、索体弹性模量、边界节点坐标、下拉索促动器坐标等都会产生误差,其对索网的最终成型精度都会造成影响。所以很有必要对索网结构进行误差敏感性分析,确定误差因素及其敏感性程度,并结合实际施工可达到的精度,确定施工精度控制指标,为索网施工的精度控制提供依据。

索网结构的施工成型态受索长和张拉力的影响大。由于拉索根数多(主索总数为 6 670 根,下拉索总数为 2 225 根),为提高张拉效率和节省设备投入,一般采用被动张拉技术,即将拉索分为主动索和被动索,通过张拉主动索,在整体结构中建立预应力。根据拉索是否直接与外围结构连接,分为外联索和内联索。外联索与外围结构连接的节点即为外联节点。

FAST 主索网结构通过 150 根边缘面索固定在钢圈梁上,这 150 根边缘面索即为外联索,且为长度可调节的主动索。施工控制的关键因素是主动索的张拉力、被动索的索长和外联节点安装坐标。因此,需在施工前进行这些因素的误差影响分析,以确定合理的控制指标,同时在满足施工质量的前提下尽量减小索头调节量,以节省材料费用。

5.5.1 误差类型

施工控制的关键因素是主动索的张拉力、索长和外联节点安装坐标。故选取索长系统误差 Δ_L、外联节点安装误差 Δ_C(径向安装误差)及外联索张拉力误差比 Δ_T 作为参数变量,比较各种误差对于结构应力水平的影响。

索长系统误差简称索长误差,主要由索长制作误差、索长测量误差和销孔安装误差组成;外联节点安装误差主要由周边支承结构特点和外联节点形式决定;外联索张拉力误差主要由张拉设备和张拉方法决定。

在我国规范《索结构技术规程》(JGJ 257)[47]和美国 ASCE 规范[48]中规定了拉力误差允许范围(表 5-26),其中 L_0 为索设计长度。由表 5-26 可见,美国规范比我国规范要求更严格。根据我国规范,索网结构建立张拉力后,张拉力误差限值为±10%。

表 5-26 我国及美国规范规定的索长误差限值

	L_0/m	Δ_L/mm
我国规范	$\leqslant 50$	± 15
	$50 < L_0 \leqslant 100$	± 20
	> 100	$L_0/5\ 000$
美国规范	$\leqslant 8.54$	± 2.54
	$8.54 < L_0 \leqslant 36.59$	$\pm 0.03\% L_0$
	> 36.59	$\pm(\sqrt{L_0}+5)$

5.5.2 误差分布模型

5.5.2.1 误差因素的特征

实际索长、外联节点实际坐标和外联索实际张拉力可表示为：

$$
\begin{aligned}
L &= L_0 + \Delta_L \\
C &= C_0 + \Delta_C \\
T &= (1 + \Delta_T) T_0
\end{aligned}
\tag{5-37}
$$

式中，L 是实际索长；C 是外联节点实际坐标；T 是外联索实际张拉力；L_0 是设计索长；C_0 为外联节点设计坐标；T_0 是外联索设计张拉力。

Δ_L、Δ_C 和 Δ_T 的共同特征有：

(1) 误差的大小和符号均不确定。

(2) 随着样本数量的增多，平均误差的值将逐渐趋于 0。

(3) 虽然单个随机误差没有规律，但足够数量的样本将会呈现出一定的规律性。

通过对足够数量的误差样本进行研究，可以获得误差分布模型，从而也可以根据误差分布模型生成足够多的误差样本。如果其中最不利的误差样本也能满足施工要求，那么可以得出：这些误差对工程不会造成不利影响或不利影响可忽略不计。

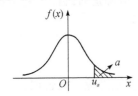

图 5-99 正态分布模型

5.5.2.2 误差分布模型

如果每种影响因素独立，且各因素造成正偏差或负偏差的可能性相同，则根据林德伯格-莱维中心极限定理，可以认为索长误差 X 近似服从正态分布[49-50]，即 $X \sim N(\mu, \sigma^2)$，如图 5-99 所示。误差分布函数为：

$$
f(x) = \frac{1}{\sqrt{2\pi}\sigma} \exp\left(-\frac{(x-\mu)^2}{2\sigma^2}\right)
\tag{5-38}
$$

式中，μ 为误差的均值；σ^2 为误差的方差。

假设构件制作安装最大误差允许范围为 $[X_{\min}, X_{\max}]$，令 $P(|X'| < X_{\max}) = 99.7\%$，其中 $X_{\min}$，$X_{\max}$ 分别为索长误差的下限值和上限值，则误差的均值 μ 和误差的方差 σ^2 的近似值可按下式计算得到：

$$
\mu = \frac{X_{\min} + X_{\max}}{2}
\tag{5-39}
$$

$$
\sigma^2 = \frac{X_{\max} - X_{\min}}{6}
\tag{5-40}
$$

5.5.3 多个随机误差的分析方法

误差对索网结构的影响与索网结构的特性密切相关。根据索网形式和施工方案将拉索分为主动索和被动索，通过张拉主动索，在整体结构中建立预应力。根据拉索是否直接与外围结构连接，分为外联索和内联索。外联索与外围结构连接的节点即为外联节点。FAST 主索网结构通过 150 根边缘面索固定在钢圈梁上，这 150 根边缘面索即为外联索，且为长度可调节的主动索。这些误差可表示为矩阵形式(式(5-41))。

$$
\Delta_i = \begin{bmatrix} \boldsymbol{\Delta}_{L(i)}^{OP} & \boldsymbol{\Delta}_{C(i)}^{OP} & \mathbf{0} \\ \boldsymbol{\Delta}_{L(i)}^{IP} & \mathbf{0} & \mathbf{0} \\ \boldsymbol{\Delta}_{L(i)}^{A} & \boldsymbol{\Delta}_{C(i)}^{A} & \boldsymbol{\Delta}_{T(i)}^{A} \end{bmatrix} = \begin{bmatrix} \delta_{l(i,1)}^{op} & \delta_{c(i,1)}^{op} & 0 \\ \delta_{l(i,2)}^{op} & \delta_{c(i,2)}^{op} & 0 \\ \vdots & \vdots & \vdots \\ \delta_{l(i,k)}^{op} & \delta_{c(i,k)}^{op} & 0 \\ \delta_{l(i,1)}^{ip} & 0 & 0 \\ \delta_{l(i,2)}^{ip} & 0 & 0 \\ \vdots & \vdots & \vdots \\ \delta_{l(i,m)}^{ip} & 0 & 0 \\ \delta_{l(i,1)}^{a} & \delta_{c(i,1)}^{a} & \delta_{t(i,1)}^{a} \\ \delta_{l(i,2)}^{a} & \delta_{c(i,2)}^{a} & \delta_{t(i,2)}^{a} \\ \vdots & \vdots & \vdots \\ \delta_{l(i,n)}^{a} & \delta_{c(i,n)}^{a} & \delta_{t(i,n)}^{a} \end{bmatrix} \tag{5-41}
$$

式中,$\boldsymbol{\Delta}_i$ 是结构第 i 个误差工况的误差矩阵;$\boldsymbol{\Delta}_{L(i)}^{OP}$ 是外联被动索索长误差列向量;$\boldsymbol{\Delta}_{C(i)}^{OP}$ 是外联被动索节点安装坐标误差列向量;$\boldsymbol{\Delta}_{L(i)}^{IP}$ 是内联被动索索长误差列向量;$\boldsymbol{\Delta}_{L(i)}^{A}$ 是主动索索长误差列向量;$\boldsymbol{\Delta}_{C(i)}^{A}$ 是主动索节点安装坐标误差列向量;$\boldsymbol{\Delta}_{T(i)}^{A}$ 是主动索张拉力误差列向量;k、m 和 n 分别是外联被动索、内联被动索和主动索的数量;$\delta_{l(i,j)}^{op}$ 是结构第 i 个误差工况下第 j 个外联被动索索长误差的值($j=1$, 2, $\cdots$, k);$\delta_{c(i,j)}^{op}$ 是结构第 i 个误差工况下第 j 个外联被动索节点安装坐标误差的值($j=1$, 2, $\cdots$, k);$\delta_{l(i,j)}^{ip}$ 是结构第 i 个误差工况下第 j 个内联被动索索长误差的值($j=1$, 2, $\cdots$, m);$\delta_{l(i,j)}^{a}$ 是结构第 i 个误差工况下第 j 个主动索索长误差的值($j=1$, 2, $\cdots$, n);$\delta_{c(i,j)}^{a}$ 是结构第 i 个误差工况下第 j 个主动索节点安装坐标误差的值($j=1$, 2, $\cdots$, n);$\delta_{t(i,j)}^{a}$ 是结构第 i 个误差工况下第 j 个主动索张拉力误差的值($j=1$, 2, $\cdots$, n)。

通过分析可得,外联索节点安装坐标误差相当于是额外增加的外联索索长误差。因此,外联索总的索长误差可以定义为:$e_{lc(i,j)}^{op} = e_{l(i,j)}^{op} + e_{c(i,j)}^{op}$($j=1$, 2, $\cdots$, k),则式(5-41)可改写为 $(k+m+n)\times 2$ 的矩阵(式(5-42))。

$$
\Delta_i = \begin{bmatrix} \boldsymbol{\Delta}_{LC(i)}^{OP} & 0 \\ \boldsymbol{\Delta}_{L(i)}^{IP} & 0 \\ \boldsymbol{\Delta}_{LC(i)}^{A} & \boldsymbol{\Delta}_{T(i)}^{A} \end{bmatrix} = \begin{bmatrix} \boldsymbol{\Delta}_{L(i)}^{OP} + \boldsymbol{\Delta}_{C(i)}^{OP} & 0 \\ \boldsymbol{\Delta}_{L(i)}^{IP} & 0 \\ \boldsymbol{\Delta}_{L(i)}^{A} + \boldsymbol{\Delta}_{C(i)}^{A} & \boldsymbol{\Delta}_{T(i)}^{A} \end{bmatrix} = \begin{bmatrix} \delta_{l(i,1)}^{op} + \delta_{c(i,1)}^{op} & 0 \\ \delta_{l(i,2)}^{op} + \delta_{c(i,2)}^{op} & 0 \\ \vdots & \vdots \\ \delta_{l(i,k)}^{op} + \delta_{c(i,k)}^{op} & 0 \\ \delta_{l(i,1)}^{ip} & 0 \\ \delta_{l(i,2)}^{ip} & 0 \\ \vdots & \vdots \\ \delta_{l(i,m)}^{ip} & 0 \\ \delta_{l(i,1)}^{a} + \delta_{c(i,1)}^{a} & \delta_{t(i,1)}^{a} \\ \delta_{l(i,2)}^{a} + \delta_{c(i,2)}^{a} & \delta_{t(i,2)}^{a} \\ \vdots & \vdots \\ \delta_{l(i,n)}^{a} + \delta_{c(i,n)}^{a} & \delta_{t(i,n)}^{a} \end{bmatrix} \tag{5-42}
$$

则索长和拉力可表示为：

$$l_{0(i,j)}^{op} = l_{0(j)}^{op} + \delta_{lk(i,j)}^{op} = l_{0(j)}^{op} + \delta_{l(i,j)}^{op} + \delta_{c(i,j)}^{op} \quad (j=1,2,\cdots,k) \tag{5-43}$$

$$l_{0(i,j)}^{ip} = l_{0(j)}^{ip} + \delta_{l(i,j)}^{ip} \quad (j=1,2,\cdots,m) \tag{5-44}$$

$$l_{0(i,j)}^{a} = l_{0(j)}^{a} + \delta_{lk(i,j)}^{a} = l_{0(j)}^{a} + \delta_{l(i,j)}^{a} + \delta_{c(i,j)}^{a} \quad (j=1,2,\cdots,n) \tag{5-45}$$

$$t_{(i,j)}^{a} = (1+\delta_{t(i,j)}^{a}) t_{0(j)}^{a} \quad (j=1,2,\cdots,n) \tag{5-46}$$

初应变可表示为：

$$\varepsilon_{(i,j)}^{op} = \frac{l_{(j)}^{op}}{l_{0(i,j)}^{op}} - 1 \quad (j=1,2,\cdots,k) \tag{5-47}$$

$$\varepsilon_{(i,j)}^{ip} = \frac{l_{(j)}^{ip}}{l_{0(i,j)}^{ip}} - 1 \quad (j=1,2,\cdots,m) \tag{5-48}$$

$$\varepsilon_{(i,j)}^{a} = \frac{l_{(j)}^{a}}{l_{0(i,j)}^{a}} - 1 \quad (j=1,2,\cdots,n) \tag{5-49}$$

式中，$\Delta_{LC(i)}^{OP}$ 和 $\Delta_{LC(i)}^{A}$ 分别为外联被动索总的索长误差和主动索总的索长误差；$l_{(j)}^{op}$、$l_{(j)}^{ip}$ 和 $l_{(j)}^{a}$ 分别为第 j 根外联、内联被动索和主动索的模型索长；$l_{0(i,j)}^{op}$、$l_{0(i,j)}^{ip}$ 和 $l_{0(i,j)}^{a}$ 分别为第 j 根外联、内联被动索和主动索在第 i 个误差工况下的原长；$l_{0(j)}^{op}$、$l_{0(j)}^{ip}$ 和 $l_{0(j)}^{a}$ 分别为第 j 根外联、内联被动索和主动索的理论原长；$t_{(i,j)}^{a}$ 为第 j 根主动索在第 i 个误差工况下的拉力；$t_{0(j)}^{a}$ 为第 j 根主动索的理论拉力。

通常有索长误差的误差分析中，拉力受 $\Delta_{LC(i)}^{OP}$、$\Delta_{L(i)}^{IP}$ 和 $\Delta_{LC(i)}^{A}$ 的影响。但有索长误差和拉力误差等多种误差的误差分析中，主动索的拉力是确定的，且等于 $(1+\Delta_T)T_0$，即不受 $\Delta_{LC(i)}^{OP}$、$\Delta_{L(i)}^{IP}$ 和 $\Delta_{LC(i)}^{A}$ 的影响。因此，可以利用小弹性模量方法进行误差分析：

(1) 将主动索的弹性模量乘以一个很小的折减系数（式(5-50)）。

(2) 根据 $t_{(i,j)}^{a}$ 确定主动索的初应变（式(5-51)）。

(3) 在力平衡态下，得到模型中主动索的拉力 $f_{(i,j)}^{a}$（式(5-52)）。

可见，若 $\eta \approx 0$，则 $\Delta f_{(i,j)}^{a} \approx 0$，即 $f_{(i,j)}^{a} \approx t_{(i,j)}^{a}$。只要 η 足够小，就能很容易地改变主动索的拉力，提高模型分析效率。

$$E_{(j)}^{a} = \eta \cdot E_{0(j)}^{a} \quad (j=1,2,\cdots,n) \tag{5-50}$$

$$\varepsilon_{(i,j)}^{a} = \frac{t_{(i,j)}^{a}}{\eta E_{0(j)}^{a} A_{0(j)}^{a}} \quad (j=1,2,\cdots,n) \tag{5-51}$$

$$f_{(i,j)}^{a} = t_{(i,j)}^{a} + \Delta f_{(i,j)}^{a} = t_{(i,j)}^{a} + \frac{\eta E_{0(j)}^{a} A_{0(j)}^{a} \Delta l_{(i,j)}^{a}}{l_{(j)}^{a}} \quad (j=1,2,\cdots,n) \tag{5-52}$$

式中，η 为弹性模量折减系数；$E_{0(j)}^{a}$、$A_{0(j)}^{a}$ 和 $l_{(j)}^{a}$ 分别为第 j 根主动索的设计弹模、截面积和索长；$E_{(j)}^{a}$ 为第 j 根主动索乘以折减系数后的弹性模量；$\varepsilon_{(i,j)}^{a}$ 为第 i 个误差工况下第 j 根主动索的初应变；$t_{(i,j)}^{a}$、$\Delta f_{(i,j)}^{a}$ 和 $\Delta l_{(i,j)}^{a}$ 分别为第 i 个误差工况下第 j 根主动索的张拉力、拉力增量和索长增量；$f_{(i,j)}^{a}$ 和 $\Delta f_{(i,j)}^{a}$ 分别为第 i 个误差工况下第 j 根主动索的拉力和拉力增量。

5.5.4 误差效应分析方法

设面索索长误差为 Δ_{1L}、下拉索索长误差为 Δ_{2L}，外联节点安装误差为 Δ_C，外联索张拉力误差比为 Δ_T。

首先考虑独立误差因素对索网结构内力的影响程度，再考虑各种误差因素耦合作用对索网结构内力的影响程度，得出主要影响因素（敏感性因素）与次要影响因素（非敏感性因素），以便为 FAST 的施工精度控制提供依据。

误差效应分析方法具体步骤如下：

（1）确定 Δ_{1L}、Δ_{2L}、Δ_C 和 Δ_T 的误差分布模型，均采用正态分布。

（2）根据统计数据要求，生成足够数量的误差样本（每个误差样本均是结构的一个误差工况），本书生成 1 000 个误差样本；图 5-100 是其中一根下拉索随机生成的 1 000 个误差样本的分布情况，设定下拉索误差范围为［−15 mm，15 mm］，平均值为 0 mm，方差为 25；实际样本最大值为 14.91 mm，最小值为 −15 mm，平均值为 −0.055 mm，方差为 27.03，服从正态分布。

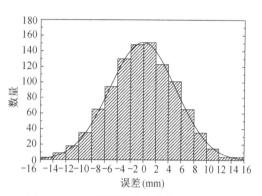

图 5-100　一根下拉索生成的 1 000 个误差样本的分布情况

（3）将每个误差工况引入索网结构形成缺陷结构工况。

（4）对每个缺陷结构工况进行计算，得到每个工况下索网结构的误差效应。

（5）对比缺陷结构工况和无缺陷结构工况下索的应力，得出最大应力误差。

（6）判断最大应力误差是否满足要求，若满足要求，则表示误差参数允许范围设置合理；否则调整误差参数允许范围，并再次进行（1）～（5）步，直到得到合理的误差参数允许范围。

（7）通过各种误差参数的合理允许范围，得出主要影响因素（敏感性因素）与次要影响因素（非敏感性因素），以便为 FAST 的施工精度控制提供依据。

5.5.5 误差效应分析条件

在索网结构为球面基准态的前提下，设定 13 种误差条件（表 5-27），每个误差条件随机建立 1 000 个工况，分布模型均为正态分布模型。误差条件 1 至误差条件 10 为考虑独立误差效应分析，误差条件 11 至误差条件 13 为考虑耦合误差效应分析。拉力误差效应分析均采用 95% 保证率，即取 1.96 倍标准方差。

表 5-27　误差条件表

误差条件	面索索长误差	下拉索索长误差	外联索	
			外联节点安装误差	外联索张拉力误差比
1	$\Delta_{1L} \leqslant \pm 1$ mm	—	—	—
2	$\Delta_{1L} \leqslant \pm 1.5$ mm	—	—	—

误差条件	面索索长误差	下拉索索长误差	外联索	
			外联节点安装误差	外联索张拉力误差比
3	—	$\Delta_{2L} \leqslant \pm 10$ mm	—	—
4	—	$\Delta_{2L} \leqslant \pm 15$ mm	—	—
5	—	$\Delta_{2L} \leqslant \pm 20$ mm	—	—
6	—	—	$\Delta_C \leqslant \pm 2$ mm	—
7	—	—	$\Delta_C \leqslant \pm 3$ mm	—
8	—	—	$\Delta_C \leqslant \pm 4$ mm	—
9	—	—	—	$\Delta_T \leqslant \pm 5\%$
10	—	—	—	$\Delta_T \leqslant \pm 10\%$
11	$\Delta_{1L} \leqslant \pm 1.5$ mm	$\Delta_{2L} \leqslant \pm 20$ mm	—	—
12	$\Delta_{1L} \leqslant \pm 1.5$ mm	$\Delta_{2L} \leqslant \pm 20$ mm	—	$\Delta_T \leqslant \pm 5\%$
13	$\Delta_{1L} \leqslant \pm 1.5$ mm	$\Delta_{2L} \leqslant \pm 20$ mm	—	$\Delta_T \leqslant \pm 10\%$

5.5.6 独立误差效应分析

5.5.6.1 面索索长误差效应分析(误差条件 1 和 2 的对比分析)

1) 分析原则

在索网结构为球面基准态的前提下,假设只有面索索长有误差,其他均无误差。

2) 面索索长误差范围

误差条件 1:$\Delta_{1L} \leqslant \pm 1$ mm;

误差条件 2:$\Delta_{1L} \leqslant \pm 1.5$ mm。

3) 误差效应

经过分析,误差条件 1 下,面索的最大拉力误差比为 3.97%,误差较大的面索均位于外联节点附近,且不是外联索,拉力误差比主要集中在 1.0%~2.0%;下拉索的最大拉力误差比为 1.22%,位于索网底部附近,拉力误差比主要集中在 0.8%~1.2%(图 5-101),外联索的最大拉力误差比为 1.33%。

误差条件 2 下,面索的最大拉力误差比为 5.96%,误差较大的面索均位于外联节点附近,且不是外联索,拉力误差比主要集中在 1.5%~3.0%;下拉索的最大拉力误差比为 1.84%,位于索网底部附近,拉力误差比主要集中在 1.1%~1.8%(图 5-102),外联索的最大拉力误差比为 1.99%。

面索索长误差对结构内力的影响情况见表 5-28 所示。

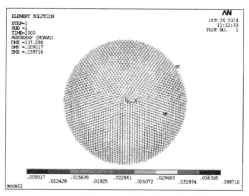

（a）面索拉力误差比绝对值分布图

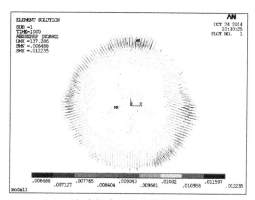

（b）下拉索拉力误差比绝对值分布图

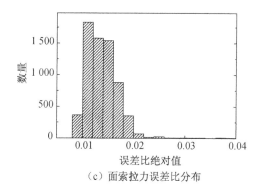

（c）面索拉力误差比分布

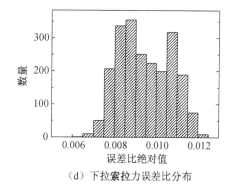

（d）下拉索拉力误差比分布

图 5-101　误差条件 1 下的误差效应图

表 5-28　面索索长误差对结构内力的影响统计表

误差条件	极值	面索应力（MPa）			下拉索应力（MPa）			外联索应力（MPa）		
		理论值	最大值	最小值	理论值	最大值	最小值	理论值	最大值	最小值
1	应力最大索	643.19	650.57	635.61	517.22	521.82	512.76	589.33	596.05	582.70
	应力最小索	206.10	214.28	197.91	193.03	194.88	191.16	487.55	493.82	480.94
2	应力最大索	643.19	654.27	631.82	517.22	524.12	510.52	589.33	599.41	579.38
	应力最小索	206.10	218.37	193.82	193.03	195.81	190.23	487.55	496.95	477.64

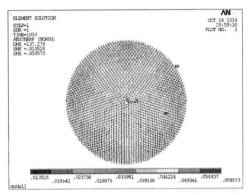

（a）面索拉力误差比绝对值分布图

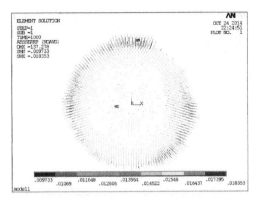

（b）下拉索拉力误差比绝对值分布图

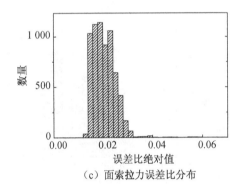

（c）面索拉力误差比分布

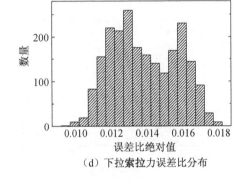

（d）下拉索拉力误差比分布

图 5-102　误差条件 2 下的误差效应图

　　将误差条件 1 下拉力误差比大于 2.2% 的面索和拉力误差比大于 1.16% 的下拉索提取出来，这些拉力误差较大的面索和下拉索分别按拉力误差比从小到大的顺序进行排列。在误差条件 1 和误差条件 2 下，比较这些拉力误差较大的面索和下拉索的误差比（图 5-103、图 5-104）。

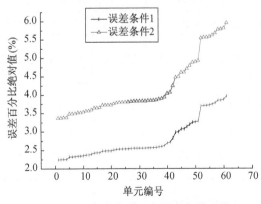

**图 5-103　误差条件 1 和误差条件 2 的
面索拉力误差比对比**

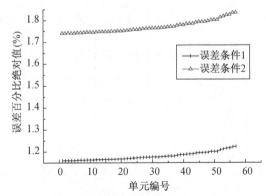

**图 5-104　误差条件 1 和误差条件 2 的
下拉索拉力误差比对比**

4）分析结果

（1）由表 5-28 可见，随着面索索长误差的增加，面索、下拉索及外联索的拉力误差也随之增加。

（2）由图 5-103 和图 5-104 可见，面索、下拉索及外联索的拉力误差比和面索索长误差呈线性关系，由此可定义一个误差影响程度系数 δ，即单位长度的索长误差（或单位百分比的张拉力误差）产生的最大拉力误差比，数学表达式为：

式中，Δ_F 为最大拉力误差比；Δ 为索长（或拉力）误差。

$$\delta = \frac{\Delta_F}{\Delta} \tag{5-53}$$

（3）由式（5-53）可得面索索长误差对面索拉力误差影响程度系数为：

$$\delta_{1,1} = \frac{5.96}{1.5} = 3.97(\%/mm)$$

面索索长误差对下拉索拉力误差影响程度系数为：

$$\delta_{1,2} = \frac{1.84}{1.5} = 1.23(\%/mm)$$

面索索长误差对外联索拉力误差影响程度系数为：

$$\delta_{1,c} = \frac{1.99}{1.5} = 1.33(\%/mm)$$

5.5.6.2 下拉索索长误差效应分析（误差条件 3、4 和 5 的对比分析）

1）分析原则

在索网结构为球面基准态的前提下，假设只有下拉索索长有误差，其他均无误差。

2）下拉索索长误差范围

误差条件 3：$\Delta_{2L} \leqslant \pm 10$ mm；

误差条件 4：$\Delta_{2L} \leqslant \pm 15$ mm；

误差条件 5：$\Delta_{2L} \leqslant \pm 20$ mm。

3）误差效应

经过分析，误差条件 3 下，面索的最大拉力误差比为 1.48%，误差较大的面索均位于外联节点附近，且不是外联索，拉力误差比主要集中在 0.3%～0.8%；下拉索的最大拉力误差比为 6.16%，位于索网底部附近，拉力误差比主要集中在 3.5%～5.8%（图 5-105），外联索的最大拉力误差比为 0.71%。

误差条件 4 下，面索的最大拉力误差比为 2.22%，误差较大的面索均位于外联节点附近，且不是外联索，拉力误差比主要集中在 0.5%～1.0%；下拉索的最大拉力误差比为 9.23%，位于索网底部附近，拉力误差比主要集中在 4.8%～8.2%（图 5-106），外联索的最大拉力误差比为 1.06%。

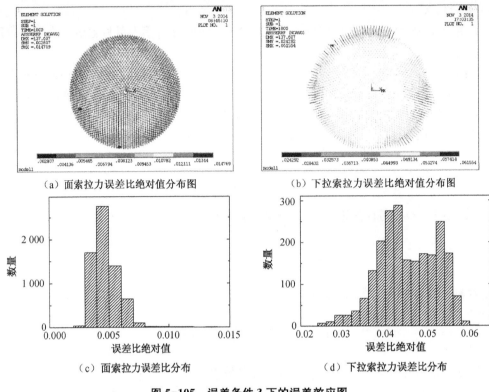

（a）面索拉力误差比绝对值分布图 （b）下拉索拉力误差比绝对值分布图

（c）面索拉力误差比分布 （d）下拉索拉力误差比分布

图 5-105　误差条件 3 下的误差效应图

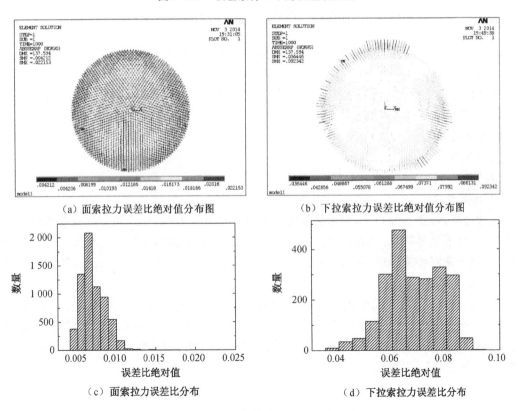

（a）面索拉力误差比绝对值分布图 （b）下拉索拉力误差比绝对值分布图

（c）面索拉力误差比分布 （d）下拉索拉力误差比分布

图 5-106　误差条件 4 下的误差效应图

　　误差条件 5 下,面索的最大拉力误差比为 2.95%,误差较大的面索均位于外联节点附近,且不是外联索,拉力误差比主要集中在 0.6%～1.4%;下拉索的最大拉力误差比为 12.31%,位于索网底部附近,拉力误差比主要集中在 7.0%～11.5%(图 5-107),外联索的最大拉力误差比为 1.41%。

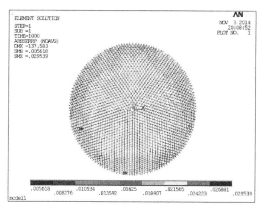

（a）面索拉力误差比绝对值分布图

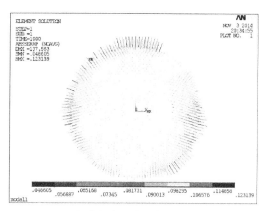

（b）下拉索拉力误差比绝对值分布图

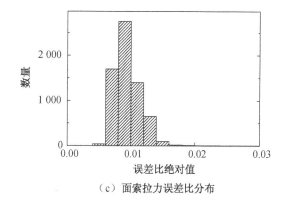

（c）面索拉力误差比分布

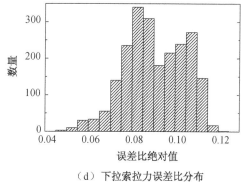

（d）下拉索拉力误差比分布

图 5-107　误差条件 5 下的误差效应图

　　下拉索索长误差对结构内力的影响情况见表 5-29 所示。

表 5-29　下拉索索长误差对结构内力的影响统计表

误差条件	极值	面索应力(MPa)			下拉索应力(MPa)			外联索应力(MPa)		
		理论值	最大值	最小值	理论值	最大值	最小值	理论值	最大值	最小值
3	应力最大索	643.19	645.92	640.59	517.22	529.98	504.86	589.33	592.51	586.14
	应力最小索	206.10	208.91	203.23	193.03	200.08	185.63	487.55	490.02	485.34

续表

误差条件	极值	面索应力（MPa）			下拉索应力（MPa）			外联索应力（MPa）		
		理论值	最大值	最小值	理论值	最大值	最小值	理论值	最大值	最小值
4	应力最大索	643.19	647.30	639.30	517.22	536.39	498.69	598.65	602.72	594.49
	应力最小索	206.10	210.31	201.80	193.03	203.61	181.94	488.31	491.26	485.40
5	应力最大索	643.19	648.68	638.02	517.22	542.81	492.53	589.33	595.75	583.00
	应力最小索	206.10	211.73	200.37	193.03	207.15	178.24	488.31	492.25	484.43

将误差条件 3 下拉力误差比大于 0.75% 的面索和拉力误差比大于 5.65% 的下拉索提取出来，这些拉力误差较大的面索和下拉索分别按拉力误差比从小到大的顺序进行排列。在误差条件 3、误差条件 4 和误差条件 5 下，比较这些拉力误差较大的面索和下拉索的误差比（图 5-108、图 5-109）。

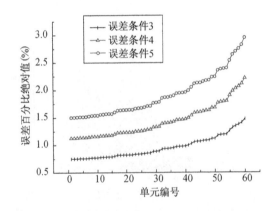

图 5-108　误差条件 3、误差条件 4 和误差条件 5 的面索拉力误差比对比

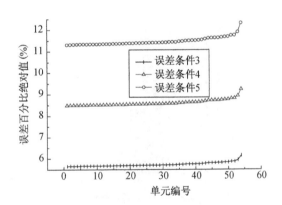

图 5-109　误差条件 3、误差条件 4 和误差条件 5 的下拉索拉力误差比对比

4）分析结果

（1）由表 5-29 可见，随着下拉索索长误差的增加，面索、下拉索及外联索的拉力误差也随之增加。

（2）由图 5-108 和图 5-109 可见，面索、下拉索及外联索的拉力误差比和下拉索索长误差呈线性关系。

（3）由式（5-53）可得下拉索索长误差对面索拉力误差影响程度系数为：

$$\delta_{2,1} = \frac{2.95}{20} = 0.15(\%/mm)$$

下拉索索长误差对下拉索拉力误差影响程度系数为：

$$\delta_{2,2} = \frac{12.31}{20} = 0.62(\%/mm)$$

下拉索索长误差对外联索拉力误差影响程度系数为：

$$\delta_{2,C}=\frac{1.41}{20}=0.07(\%/mm)$$

5.5.6.3 外联节点安装误差效应分析(误差条件6、7和8的对比分析)

1) 分析原则

在索网结构为球面基准态的前提下,假设只有外联节点安装有误差,其他均无误差。

2) 外联节点安装误差范围

误差条件6：$\Delta_C \leqslant \pm 2$ mm；

误差条件7：$\Delta_C \leqslant \pm 3$ mm；

误差条件8：$\Delta_C \leqslant \pm 4$ mm。

3) 误差效应

经过分析,误差条件6下,面索的最大拉力误差比为2.90%,误差较大的面索均位于外联节点附近,且不是外联索,拉力误差比主要集中在0.0%~0.4%；下拉索的最大拉力误差比为1.72%,位于索网外缘附近,拉力误差比主要集中在0.0%~0.3%(图5-110),外联索的最大拉力误差比为2.00%。

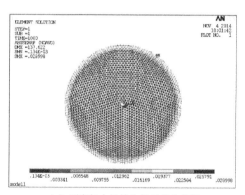

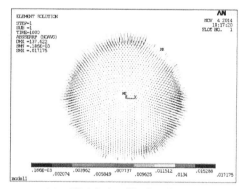

（a）面索拉力误差比绝对值分布图 　　　　（b）下拉索拉力误差比绝对值分布图

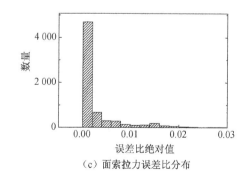

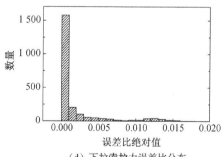

（c）面索拉力误差比分布 　　　　（d）下拉索拉力误差比分布

图 5-110 误差条件 6 下的误差效应图

误差条件7下,面索的最大拉力误差比为4.35%,误差较大的面索均位于外联节点附近,且不是外联索,拉力误差比主要集中在0.0%~1.0%；下拉索的最大拉力误差比为2.58%,位于索网外缘附近,拉力误差比主要集中在0.0%~1.0%(图5-111),外联索的最大拉力误差比为3.00%。

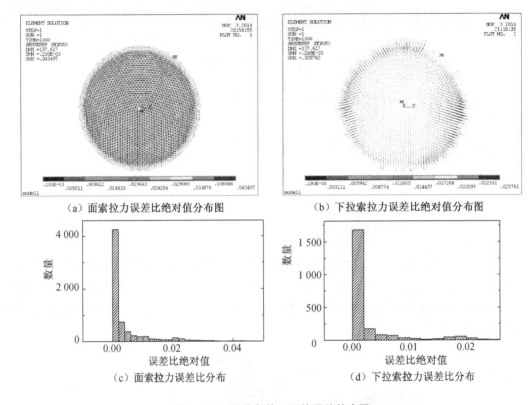

（a）面索拉力误差比绝对值分布图　　　　（b）下拉索拉力误差比绝对值分布图

（c）面索拉力误差比分布　　　　（d）下拉索拉力误差比分布

图 5-111　误差条件 7 下的误差效应图

误差条件 8 下,面索的最大拉力误差比为 5.80%,误差较大的面索均位于外联节点附近,且不是外联索,拉力误差比主要集中在 0.0%～2.0%;下拉索的最大拉力误差比为 3.43%,位于索网外缘附近,拉力误差比主要集中在 0.0%～1.0%(图 5-112),外联索的最大拉力误差比为 3.99%。

外联节点安装误差对结构内力的影响情况见表 5-30 所示。

表 5-30　外联节点安装误差对结构内力的影响统计表

误差条件	极值	面索应力（MPa）			下拉索应力（MPa）			外联索应力（MPa）		
		理论值	最大值	最小值	理论值	最大值	最小值	理论值	最大值	最小值
6	应力最大索	643.19	644.00	642.36	517.22	523.48	510.93	589.33	598.24	580.32
	应力最小索	206.10	211.34	201.20	193.03	194.78	191.34	487.55	497.01	477.55
7	应力最大索	643.19	644.41	641.95	517.22	526.61	507.79	589.33	602.69	575.81
	应力最小索	206.10	210.31	201.80	193.03	195.65	190.50	487.55	501.74	472.56
8	应力最大索	643.19	644.82	641.54	517.22	529.73	504.64	589.33	607.15	571.31
	应力最小索	206.10	216.57	196.30	193.03	196.53	189.66	487.55	506.48	467.56

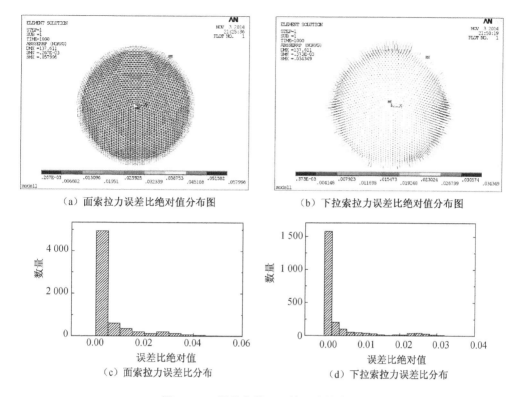

（a）面索拉力误差比绝对值分布图　　　　　（b）下拉索拉力误差比绝对值分布图

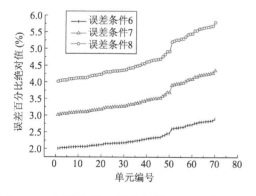

（c）面索拉力误差比分布

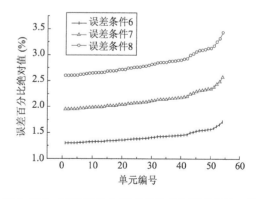

（d）下拉索拉力误差比分布

图 5-112　误差条件 8 下的误差效应图

将误差条件 6 下拉力误差比大于 2.00% 的面索和拉力误差比大于 1.30% 的下拉索提取出来,这些拉力误差较大的面索和下拉索分别按拉力误差比从小到大的顺序进行排列。在误差条件 6、误差条件 7 和误差条件 8 下,比较这些拉力误差较大的面索和下拉索的误差比(图 5-113、图 5-114)。

图 5-113　误差条件 6、误差条件 7 和误差条件 8 的面索拉力误差比对比

图 5-114　误差条件 6、误差条件 7 和误差条件 8 的下拉索拉力误差比对比

4）分析结果

(1) 由表 5-30 可见,随着外联节点安装误差的增加,面索、下拉索及外联索的拉力误差也随之增加。

(2) 由图 5-113 和图 5-114 可见,面索、下拉索及外联索的拉力误差比和外联节点安装误差呈线性关系。

（3）由式(5-53)可得外联节点安装误差对面索拉力误差影响程度系数为：

$$\delta_{C,1} = \frac{5.80}{4} = 1.45(\%/mm)$$

外联节点安装误差对下拉索拉力误差影响程度系数为：

$$\delta_{C,2} = \frac{3.43}{4} = 0.86(\%/mm)$$

外联节点安装误差对外联索拉力误差影响程度系数为：

$$\delta_{C,c} = \frac{3.99}{4} = 1.00(\%/mm)$$

5.5.6.4 外联索张拉力误差效应分析(误差条件 9 和 10 的对比分析)

1）分析原则

在索网结构为球面基准态的前提下，假设只有外联索张拉力有误差，其他均无误差。

2）外联索张拉力误差比范围

误差条件 9：$\Delta_T \leqslant \pm 5\%$；

误差条件 10：$\Delta_T \leqslant \pm 10\%$。

3）误差效应

经过分析，误差条件 9 下，面索的最大拉力误差比为 6.16%，误差较大的面索均位于外联节点附近，且不是外联索，拉力误差比主要集中在 0.5%～3.5%；下拉索的最大拉力误差比为 5.90%，位于索网外缘附近，拉力误差比主要集中在 0.5%～2.0%(图 5-115)，外联索所需的索长调节量为 ±23.4 mm。

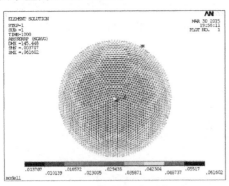

（a）面索拉力误差比绝对值分布图

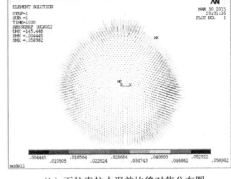

（b）下拉索拉力误差比绝对值分布图

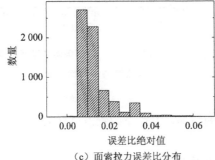

（c）面索拉力误差比分布

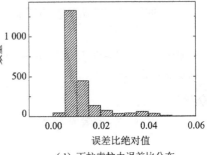

（d）下拉索拉力误差比分布

图 5-115　误差条件 9 下的误差效应图

误差条件 10 下,面索的最大拉力误差比为 12.32%,误差较大的面索均位于外联节点附近,且不是外联索,拉力误差比主要集中在 1.0%～7.0%;下拉索的最大拉力误差比为 11.82%,位于索网外缘附近,拉力误差比主要集中在 1.0%～5.0%(图 5-116),外联索所需的索长调节量为±46.9 mm。

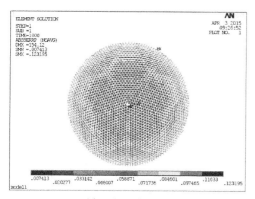

（a）面索拉力误差比绝对值分布图

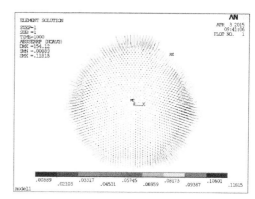

（b）下拉索拉力误差比绝对值分布图

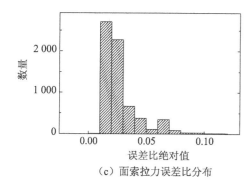

（c）面索拉力误差比分布

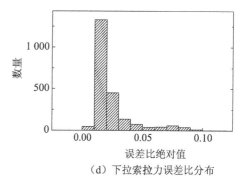

（d）下拉索拉力误差比分布

图 5-116　误差条件 10 下的误差效应图

外联索张拉力误差对结构内力的影响情况见表 5-31 所示。

表 5-31　外联索张拉力误差对结构内力的影响统计表

误差条件	极值	面索应力（MPa）			下拉索应力（MPa）			外联索应力（MPa）		
		理论值	最大值	最小值	理论值	最大值	最小值	理论值	最大值	最小值
9	应力最大索	643.19	651.16	634.94	517.22	537.44	495.77	589.33	608.84	569.53
	应力最小索	206.10	216.76	194.16	193.03	197.99	187.47	487.55	503.81	471.79
10	应力最大索	623.70	669.20	579.08	517.22	558.42	475.06	589.33	628.80	550.19
	应力最小索	206.10	227.70	182.49	193.03	203.26	182.22	487.55	520.51	456.16

将误差条件 9 下拉力误差比大于 4.50% 的面索和拉力误差比大于 4.00% 的下拉索提取出来,这些拉力误差较大的面索和下拉索分别按拉力误差比从小到大的顺序进行排列。在误差条

件 9 和误差条件 10 下,比较这些拉力误差较大的面索和下拉索的误差比(图 5-117、图 5-118)。

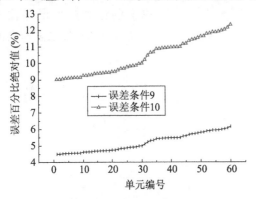

图 5-117	误差条件 9 和误差条件 10 的	图 5-118	误差条件 9 和误差条件 10 的
	面索拉力误差比对比		下拉索拉力误差比对比

4) 分析结果

(1) 由表 5-31 可见,随着外联索张拉力误差的增加,面索、下拉索及外联索的拉力误差也随之增加。

(2) 由图 5-118 和图 5-119 可见,面索、下拉索及外联索的拉力误差比和外联索张拉力误差比呈线性关系。

(3) 由式(5-53)可得外联索张拉力误差比对面索拉力误差影响程度系数为:

$$\delta_{T,1} = \frac{12.32}{10} = 1.23$$

外联索张拉力误差比对下拉索拉力误差影响程度系数为:

$$\delta_{T,2} = \frac{11.82}{10} = 1.18$$

5.5.6.5 小结

(1) 面索、下拉索及外联索拉力误差随面索、下拉索索长误差、外联节点安装误差及外联索张拉力误差比的增加而增加,且均呈现线性关系。

(2) 由表 5-32 可见,面索索长误差、下拉索索长误差、外联节点安装误差及外联索张拉力误差比引起的面索拉力误差最大的索均位于面索网的边缘处,且均不是外联索,即面索网外缘区域为拉力敏感区域;面索、下拉索索长误差对底部区域的下拉索的拉力影响较大,外联节点安装误差及外联索张拉力误差比对外缘区域的下拉索的拉力影响较大。

表 5-32 最大拉力误差的索分布位置表

	面索拉力误差	下拉索拉力误差
面索索长误差	外缘(非外联索)	底部
下拉索索长误差	外缘(非外联索)	底部
外联节点安装误差	外缘(非外联索)	外缘
外联索张拉力误差比	外缘(非外联索)	外缘

（3）由表 5-33 中各影响程度系数可见,面索索长误差对面索、下拉索及外联索的拉力误差影响均是最大的,即面索索长误差对结构内力影响最大,属于敏感性因素;外联节点安装误差及外联索张拉力误差比对各索拉力误差的影响程度比面索索长误差的影响程度稍小,也属于敏感性因素;下拉索索长误差对各索拉力误差的影响程度最小,属于非敏感性因素。

表 5-33　各影响程度系数对比表

	面索拉力误差	下拉索拉力误差	外联索拉力误差
面索索长误差（%/mm）	3.97	1.23	1.33
下拉索索长误差（%/mm）	0.15	0.62	0.07
外联节点安装误差（%/mm）	1.45	0.86	1.00
外联索张拉力误差比（%/%）	1.23	1.18	—

5.5.7　耦合误差效应分析（误差条件 11、12 和 13 的对比分析）

通过上述独立误差效应分析,可得外联节点安装误差和外联索张拉力误差比的误差效应基本是等效的。因此考虑面索、下拉索索长误差及外联索张拉力误差的耦合作用,进行耦合误差效应分析。

1）分析原则

在索网结构为球面基准态的前提下,假设可能有面索、下拉索索长误差及外联索张拉力误差比,其他均无误差。

2）分析误差组合及误差范围

误差条件 11:面索索长误差 $\Delta_{1L} \leqslant \pm 1.5$ mm;下拉索索长误差 $\Delta_{2L} \leqslant \pm 20$ mm。

误差条件 12:面索索长误差 $\Delta_{1L} \leqslant \pm 1.5$ mm;下拉索索长误差 $\Delta_{2L} \leqslant \pm 20$ mm;外联索张拉力误差比 $\Delta_T \leqslant \pm 5\%$。

误差条件 13:面索索长误差 $\Delta_{1L} \leqslant \pm 1.5$ mm;下拉索索长误差 $\Delta_{2L} \leqslant \pm 20$ mm;外联索张拉力误差比 $\Delta_T \leqslant \pm 10\%$。

3）误差效应

经过分析,误差条件 11 下,面索的最大拉力误差比为 6.48%,误差较大的面索均位于外联节点附近,且不是外联索,拉力误差比主要集中在 1.0%～3.5%;下拉索的最大拉力误差比为 12.07%,位于索网外缘附近,拉力误差比主要集中在 5.0%～12.0%（图 5-119）,外联索的最大拉力误差比为 2.31%。

误差条件 12 下,面索的最大拉力误差比为 8.64%,误差较大的面索均位于外联节点附近,且不是外联索,拉力误差比主要集中在 1.0%～4.0%;下拉索的最大拉力误差比为 12.56%,位于索网外缘附近,拉力误差比主要集中在 5.0%～12.0%（图 5-120）,外联索所需的索长调节量为 ± 23.7 mm。

误差条件 13 下,面索的最大拉力误差比为 13.56%,误差较大的面索均位于外联节点附近,且不是外联索,拉力误差比主要集中在 2.0%～7.0%;下拉索的最大拉力误差比为 14.99%,位于索网外缘附近,拉力误差比主要集中在 5.0%～12.0%（图 5-121）,外联索所需的索长调节量为 ± 47.4 mm。

多种误差耦合作用下,结构内力的影响情况见表 5-34 所示。

表 5-34　耦合误差对结构内力的影响统计表

误差条件	极值	面索应力(MPa)			下拉索应力(MPa)			外联索应力(MPa)		
		理论值	最大值	最小值	理论值	最大值	最小值	理论值	最大值	最小值
11	应力最大索	643.19	655.47	630.94	517.22	544.24	490.60	589.33	601.68	577.33
	应力最小索	206.10	219.69	193.00	193.03	209.04	177.35	487.55	498.10	476.51
12	应力最大索	643.19	657.54	628.95	517.22	546.61	487.50	589.33	608.19	569.34
	应力最小索	206.10	222.76	188.79	193.03	209.12	176.64	487.55	503.24	471.46
13	应力最大索	623.70	672.62	575.63	517.22	563.36	471.87	589.33	627.51	549.80
	应力最小索	206.10	231.21	180.10	193.03	211.58	174.28	487.55	519.06	455.51

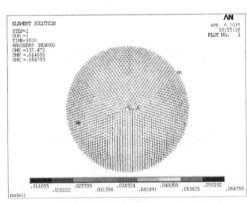

（a）面索拉力误差比绝对值分布图

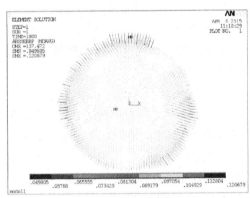

（b）下拉索拉力误差比绝对值分布图

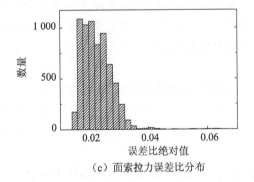

（c）面索拉力误差比分布

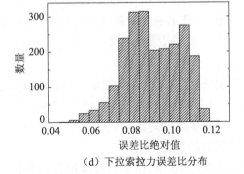

（d）下拉索拉力误差比分布

图 5-119　误差条件 11 下的误差效应图

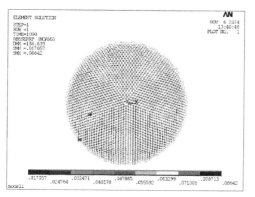

（a）面索拉力误差比绝对值分布图

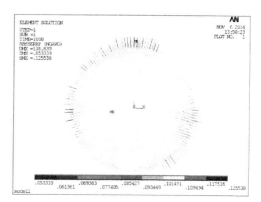

（b）下拉索拉力误差比绝对值分布图

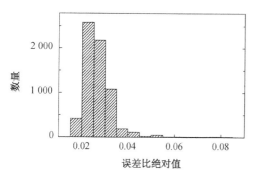

（c）面索拉力误差比分布

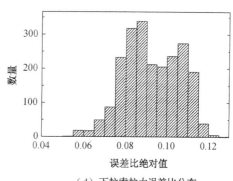

（d）下拉索拉力误差比分布

图 5-120　误差条件 12 下的误差效应图

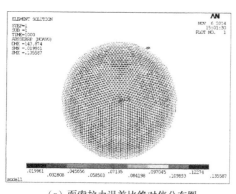

（a）面索拉力误差比绝对值分布图

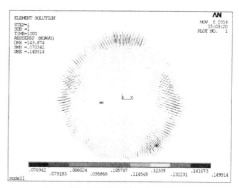

（b）下拉索拉力误差比绝对值分布图

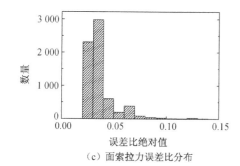

（c）面索拉力误差比分布

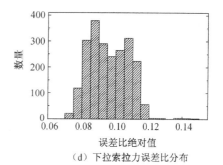

（d）下拉索拉力误差比分布

图 5-121　误差条件 13 下的误差效应图

将误差条件 12 下拉力误差比大于 5.50% 的面索和拉力误差比大于 11.50% 的下拉索提取出来,这些拉力误差较大的面索和下拉索分别按拉力误差比从小到大的顺序进行排列。在误差条件 11、误差条件 12 和误差条件 13 下,比较这些拉力误差较大的面索和下拉索的误差比(图 5-122、图 5-123)。

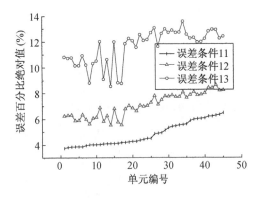

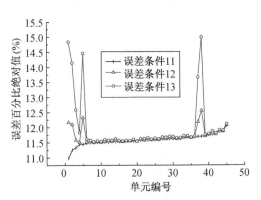

图 5-122 误差条件 11、误差条件 12 和误差条件 13 的面索拉力误差比对比

图 5-123 误差条件 11、误差条件 12 和误差条件 13 的下拉索拉力误差比对比

4)分析结果及结论

(1)由表 5-34 可见,在面索索长误差 $\Delta_{1L} \leqslant \pm 1.5$ mm、下拉索索长误差 $\Delta_{2L} \leqslant \pm 20$ mm 的情况下,外联索张拉力误差比控制在 $\pm 5\%$ 以内时,面索、下拉索及外联索的最大应力相差很小,外联索张拉力误差比超过 $\pm 5\%$ 时,相应索最大应力增加显著。这说明在面索、下拉索索长存在一定误差的情况下,外联索张拉力误差比较小时对结构最大内力影响很小,当外联索张拉力误差比较大时,对结构内力的不利影响越发显著。

(2)由图 5-122 和图 5-123 可见,在面索索长误差 $\Delta_{1L} \leqslant \pm 1.5$ mm、下拉索索长误差 $\Delta_{2L} \leqslant \pm 20$ mm 的情况下,外联索张拉力误差比对绝大多数面索的拉力产生不利影响,而对少部分下拉索的拉力产生不利影响,且不利影响基本也呈现线性关系。

(3)考虑面索、下拉索索长误差及外联索张拉力误差比的耦合作用时,产生的拉力误差并不是各种误差独立作用下产生的拉力误差的线性叠加,而是存在一定的折减。

(4)外联索张拉力误差比 $\Delta_T \leqslant \pm 10\%$ 时,外联索所需的索长调节量为 ± 47.4 mm,实际工程设置的索长调节量为 ± 100 mm,故外联节点安装误差可放宽至 $\Delta_C \leqslant \pm 50$ mm。

5.5.8 本节小结

本节基于索网结构非线性有限元分析理论,利用小弹性模量的方法建立误差分析工况,对 FAST 索网支承结构进行了误差敏感性分析。假定面索索长误差 Δ_{1L}、下拉索索长误差 Δ_{2L}、外联节点安装误差 Δ_C 及外联索张拉力误差比 Δ_T 的分布模型满足正态分布,首先考虑独立误差因素对索网结构内力的影响程度,再考虑各种误差因素耦合作用对索网结构内力的影响程度,得出主要影响因素(敏感性因素)与次要影响因素(非敏感性因素),以便为 FAST 的施工精度控制提供依据。通过本节的分析,可以得出以下结论:

(1)面索、下拉索及外联索拉力误差随面索索长误差、下拉索索长误差、外联节点安装误差及外联索张拉力误差比的增加而增加,且均呈现线性关系。

（2）面索索长误差、下拉索索长误差、外联节点安装误差及外联索张拉力误差比引起的面索拉力误差最大的索均位于面索网的边缘处，且均不是外联索，即面索网外缘区域为拉力敏感区域；面索、下拉索索长误差对底部区域的下拉索的拉力影响较大，外联节点安装误差及外联索张拉力误差比对外缘区域的下拉索的拉力影响较大。

（3）面索索长误差对面索、下拉索及外联索的拉力误差影响均是最大的，即面索索长误差对结构内力影响最大，属于敏感性因素；外联节点安装误差及外联索张拉力误差比对各索拉力误差的影响程度比面索索长误差的影响程度稍小，也属于敏感性因素；下拉索索长误差对各索拉力误差的影响程度最小，属于非敏感性因素。

（4）各种误差因素耦合作用时，所产生的拉力误差较各种误差独立作用时产生的拉力误差的叠加更小，说明引入多种误差因素耦合作用后，每个误差因素的敏感性会适当降低。

（5）综合上述误差敏感性分析结果，结合实际施工可达到的精度，初步确定各种误差因素允许范围：面索索长误差 $\Delta_{1L} \leqslant \pm 1.5$ mm，下拉索索长误差 $\Delta_{2L} \leqslant \pm 20$ mm，外联索张拉力误差比 $\Delta_T \leqslant \pm 5\%$，外联节点安装误差 $\Delta_C \leqslant \pm 50$ mm，其他可参考相关设计、施工和材料规范。这些施工控制指标已在工程中予以重点监控。

5.6　小结

本章在前期研究的成果上，针对 FAST 的结构特点、现场条件和施工环境等因素，提出了一套完整的可行的施工方案，并对其进行了初步的计算分析，证明了方案的可行性，提供了施工组织设计必要的计算参数。同时，基于索网结构非线性有限元分析理论，利用小弹性模量的方法建立误差分析工况，对 FAST 索网支承结构进行了误差敏感性分析。主要得到以下结果：

（1）根据索网结构的对称性，将索网结构划分为 5＋1 个区域施工，其中 1 个区域为支承塔架安装区，5 个对称区域由沿导索牵引安装区和扩展部分安装区组成。其中支承塔架安装区先施工安装完毕，接着安装对称轴位置的拉索，然后对称向两侧扩展施工。经过分析计算及现场反馈，方案切实可行。

（2）根据索网结构特点，提出了串联拉索沿导索空中累积滑移安装方法，即将串联的结构索通过吊杆或倒链葫芦挂在导索下，利用牵引索将拉索由下至上沿导索累积牵引就位。串联拉索沿导索空中累积滑移安装施工方法主要运用于对称区域索网径向索的安装。该方法充分发挥了导索既导向又承重的作用，构成简单，施工措施费用低。

（3）对对称轴处沿导索牵引安装区索网的施工过程进行了详细的分析。着重对 5 根导索和 7 根导索的方案进行了对比，并针对分析过程中遇到的问题提出了改进方案，确定最后实际工程所采用的 3 根导索并计算分析。同时根据计算结果，提出了实际施工时所需要的施工参数，包括用于确定导索直径的导索拉力、用于确定牵引索直径的牵引索拉力、导索在牵引过程中的形状等。

（4）作为高精度的天文望远镜，FAST 索网支承结构的制作和安装精度要求都非常高，所以精度控制就异常重要。本书对索网结构进行误差敏感性分析，确定误差因素及其敏感性程度,并结合实际施工可达到的精度,确定施工精度控制指标,为索网施工的精度控制提供依据。结合实际施工可达到的精度,初步确定各种误差因素允许范围:面索索长误差 $\Delta_{1L} \leqslant \pm 1.5$ mm,下拉索索长误差 $\Delta_{2L} \leqslant \pm 20$ mm,外联索张拉力误差比 $\Delta_T \leqslant \pm 5\%$,外联节点安装误差 $\Delta_C \leqslant \pm 50$ mm,其他可参考相关设计、施工和材料规范。这些施工控制指标已在工程中予以重点监控。

6   基于力学仿真技术的 FAST 反射面索网准实时评估系统

6.1   准实时评估系统的意义

FAST 反射面采用主动变位工作方式(图 6-1),索网变位工作是通过 2 225 台促动器联动控制实现,实质是一个多自由度、复杂耦合的控制系统。非均匀温度场及促动器故障等诸多因素会在索网变位控制过程中,影响反射面控制精度甚至结构安全。影响因素之间相互耦合,且具有相当大的随机性,故如何实现反射面的控制精度补偿及故障预警,是该望远镜面临的重要课题。如果该问题得不到妥善解决,不仅可能影响反射面的控制精度,正常的观测时间及效率也将难以得到保障。射电望远镜的发展历史是不断提高分辨率和灵敏度的历史。随着望远镜口径的不断增大,望远镜精度受温度、自重及风力的影响也随之加剧。在这种情况下,主动反射面控制技术逐渐发展起来,并得到广泛应用。

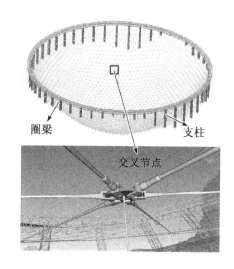

图 6-1   FAST 工程效果及其工作原理图

主动反射面可以随着望远镜姿态角度的变化,自动调整促动器的伸缩量以补偿自重等因素引起的反射面变形。例如美国 GBT 望远镜[53],其反射面板下面装有调整面型的促动器,采用摄影测量技术和微波全息测量技术对天线面型进行测量。然后进行大量实际工况的标定工作,得到在不同温度、不同姿态角度等工况下的反射面形变数据库。利用该形变数据库,促动器可以进行开环补偿控制。在该技术方案下,GBT 可以实现 90 GHz 工作频率的射电观测。目前多数巨型射电望远镜的控制方案基本与 GBT 类似,例如我国上海佘山 65 m 望远镜[54]等,其测量控制方案实质都是通过预先标定数据实现的开环控制。但是 FAST 望远镜设计独特,众多促动器与索网组成一个复杂耦合的控制系统。控制难度主要体现在下列几个方面。

1) 促动器故障影响评估

索网主动变位动作是通过 2 225 台促动器的联动控制实现的。由于索网的耦合作用,促动器之间不再是独立的个体,局部促动器故障不仅仅只是影响反射面的控制精度。分析结果表明,局部促动发生锁死的最不利工况下,下拉索承受的载荷将远超过其极限承载力,可导致下拉索发生破断。

下拉索破断将会对既有结构产生冲击,轻则破坏反射面单元或是其他部件,重则会导致人

187

员伤亡,是要极力避免的情况。考虑到望远镜的工作效率,不可能每发生一次促动器故障就启动维修工作、停止观测任务。所以在促动器选型设计时,提出促动器需具备随动功能。当促动器达到一定载荷后,可以保持一定载荷自适应于索网节点的运动。因此,FAST 工程最终确定了液压促动器方案,通过溢流阀或泄压阀的油路设计实现随动功能。

出于精度和安全双方面的考虑,促动器故障响应模式设计为三类:小负载随动、大负载随动及无源保位。小负载随动是指系统发现促动器故障时,发出指令开启促动器泄压阀,此时促动器只承受活塞杆和油缸之间约 80 kg 的摩擦力。无源保位则是指促动器电磁阀失控或小区域停电,且促动器在安全载荷以下时(初步考虑为 10 t 左右),促动器锁死在原位的情况。大负载随动是指促动器达到安全载荷后,此时促动器会自动开启安全溢流阀,活塞杆将随着索网运动自动被拔出,这是促动器设置的最后一道安全屏障。

为了尽可能保证反射面的工作效率及面形精度,设计了故障类型与故障响应模式之间的对应关系,如表 6-1 所示。该措施使索网变位工作对促动器故障工况具备了一定的包容性。也就是说,当个别促动器发生故障时,反射面仍可以在少量牺牲精度的情况下继续执行观测任务。

表 6-1   液压促动器故障分类响应

项目	故障类型一	故障类型二	故障类型三	故障类型四	故障类型五
涉及促动器范围	不限	单个	单个	单个	单个
供电	停止	正常	正常	正常	正常
随动电磁阀		不可控	可控	可控	可控
其他电路			不可控	正常可控	正常可控
行程位置、压力等参数				异常	异常
是否在观测抛物面范围内				范围内	范围外
响应模式	无源保位	无源保位	小负载随动	小负载随动	无源保位

但是,出现了下列问题:反射面的正常工作可以同时容许多少促动器发生故障呢? 促动器故障势必会进一步增加索网变位应力幅,会不会导致索网有疲劳破断的风险呢? 如何提前了解促动器故障位置、数量及响应模式的随机组合工况对索网安全及精度的影响呢? 前面已经提到,为了保证望远镜的有效观测时间,不可能每发生一次促动器故障就停止观测任务去维修,那么我们又该如何制定促动器的批量维修原则呢?

假设促动器容许故障率仅为 2%,即索网正常的变位工作可以容许 45 台促动器同时发生故障。此时,仅故障位置的排列组合工况已经数不胜数了,这里还没有考虑观测工况、故障响应模式及温度等其他因素的组合作用。可见,很难通过典型工况的预先计算或标定工作建立各种故障工况的评估准则。

在这种情况下,针对即时工况的分析方法是非常有效的。它可实时判断反射面系统是否具备执行观测任务的能力,以及判断执行观测任务会有何种风险,必要时给出停止观测、启动维修工作的建议。

2)控制精度影响因素补偿

FAST 反射面巨大,促动器数量多,是一个复杂耦合的控制系统。影响反射面控制精度的因素主要可以分为如下几方面:

（1）望远镜受山体遮挡、尺度巨大，温度场的不均匀性明显。对于最长为 60 m 的下拉索，10℃的温度变化就会引起 7.2 mm 的长度变形。对于自由状态下 500 m 直径的圈梁，10℃的温度变化将会产生 60 mm 的径向变形[55]。已有研究表明，该望远镜反射面的控制精度需要考虑温度作用的修正。

（2）索网变位过程中下拉索将会产生 4 t 左右的载荷变化，对于最长为 60 m 的下拉索该载荷变化引起的弹性变形约为 180 mm。柔性下拉索会在自重作用下产生悬链线效应，导致下拉索的刚度呈明显的非线性。最长的下拉索长度接近 60 m，需要修正刚度变化对下拉弹性变形的影响。

（3）主索节点采用单根下拉索控制，在促动器变位控制过程中索网节点并不是严格沿径向运动，我们把节点沿球面的切向运动距离称为侧偏距离或侧偏量。曾对索网变位过程中的侧偏距离进行过分析，侧偏距离主要是与抛物面的相对位置有关，见图 6-2 所示。在各种分析工况中，最大侧偏距离约为 100 mm，该侧偏距离将会引起 2.5 mm 的径向误差[56]。

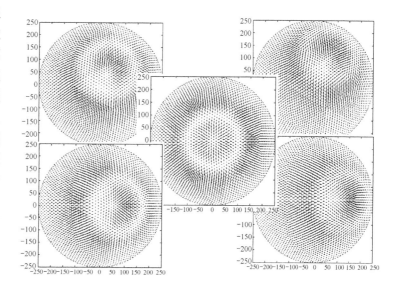

图 6-2　抛物面在不同位置时的侧偏量矢量

根据望远镜的工作频段，反射面的面形误差 RMS 为 5 mm，分配到主索节点的精度为 2.5 mm，故上述因素都需要在索网变位控制过程中进行控制补偿。但上述多种因素同时耦合作用。仅以温度作用为例，温度变化不仅影响拉索长度，还会间接影响主索节点的侧偏距离，圈梁也会受温度作用产生变形。如果再考虑促动器故障的耦合作用，相互之间的影响机制势必更加复杂，很难通过理论方法进行事前的解耦分析。另外，由于望远镜尺度巨大且受山体遮挡，不均匀温度场作用明显，其分布特征随天气变化具有相当大的随机性。可能发生的工况组合数量巨大、难以统计，无法通过预先标定方法实现控制精度补偿。

6.2　准实时评估系统的功能

力学仿真技术的最大特点就是可以针对即时工况进行分析，无需预先建立数据库，也无需考虑复杂耦合因素的解耦分析。温度作用、促动器故障、侧偏距离及下拉索变形等因素，统统可放在即时工况中进行分析，而且该望远镜工作特点非常适合力学仿真技术的应用，主要理由有以下两点：

1）各类传感器布置，为力学模型修正提供依据

反射面控制的核心是索网的控制，而望远镜各类传感器布置可为索网力学模型的检验与修正提供充足的测量数据，有利于建立准确的力学模型。例如，每个促动器配备绝对式磁致伸缩位移传感器，精度可以达到 0.005 mm。主索节点坐标则可利用全站仪测量系统测得，测量精度可控制在 1 mm 以内。索网边缘的 150 根主索配备高精度的磁通量传感器，拉力测量精度不低于 3%。下拉索载荷可利用促动器油压数据推算，必要时可利用手持式张力弓加以检验或修正。最重要的是索网在加工阶段有严格的质量控制，加工精度为 1 mm。这些因素都非常利于我们获得准确的力学模型[57]。

2）索网变位运动的准静态特性

索网变位工作时，节点的最大运动速度为 1.6 mm/s，可以不考虑系统的动力学特性。在力学仿真计算中，采用静力学分析方法即可，可以大大提高系统的计算效率。对于一个准实时的辅助控制系统来说，其计算效率尤为重要，它直接决定着计算数据是否能及时反馈给总控系统。而索网变位工作的准静态特点，则为计算数据的及时反馈提供了可能性。同时，仿真分析只涉及静力学线性分析方法，分析方法也足够成熟、准确及可靠。

综上所述，基于力学仿真技术发展一种针对即时工况的虚拟辅助控制系统，辅助望远镜总控系统实现反射面准实时补偿控制及故障评估。该系统只需要传感器在模型标定阶段提供准确数据即可，后期运行则只依赖于少数传感器的输送数据，大大降低望远镜对传感器硬件系统的依赖性。而且监测的范围也不再受限于传感器布置及失效率，可以对所有构件进行计算评估。

针对该望远镜索网变位工作的强耦合特性，基于力学仿真技术的准实时辅助控制系统能利用传感器输送的数据实时计算和补偿各种因素对反射面控制精度的影响，实时地对各种故障工况进行系统性评估，将有助于提高望远镜反射面的控制精度及运行可靠性，为望远镜保证其应有的观测效率提供技术支持，对望远镜的调试、运行及维护有非常重要的实用价值。

6.3 准实时评估系统的模块构成

本项目旨在发展一种望远镜反射面的准实时辅助控制系统，辅助望远镜反射面实现准实时的控制精度补偿和故障预警功能，该项目核心工作是模型算法的研究以及软件平台的搭建，基于理论分析、数值模拟、实验验证以及软硬件集成等手段，开展主动反射面虚拟实时辅助控制系统的研制工作。

系统包含了两大功能：预运行分析和准实时跟踪分析。

系统构成包括了模型处理模块、预运行分析模块和准实时跟踪分析模块，后两个模块又分别包括了前处理子模块、力学分析子模块和后处理子模块。预运行分析模块为单线运行，准实时跟踪分析模块为循环运行。

模型处理模块主要是建立和修正力学模型，储存必要的模型参数和矩阵、索网工作参数、促动器状况信息等公共数据，其中模型参数和矩阵包括了初始模型、下拉索和面索的初始长度与数量、刚度矩阵，索网工作参数包括单元温度场、重力加速度，促动器状况信息包括大负载与小负载的数量及位置、随动促动器的位置等。

预运行分析的前处理子模块主要是读入工作任务序列等;力学分析子模块按照工作任务序列进行过程分析,并记录各步的索网应力,形成应力矩阵;后处理子模块统计索网应力矩阵,输出关键信息,包括面索和下拉索的最大应力值及对应坐标、最大疲劳幅值及其位置等,并进行面索与下拉索安全荷载超限判断及应力幅超限判断,显示判断结果。

准实时跟踪分析模块的前处理子模块主要是按照实时运行过程循环实时读入促动器运行状态信息等;力学分析子模块根据促动器运行状态进行单工况实时分析,记录索网应力;后处理子模块统计该工况的索网应力矩阵,输出关键信息,包括该工况的面索和下拉索的最大应力值及对应坐标、最大疲劳幅值及其位置等,并进行促动器安全荷载超限实时判断,在实时运行过程结束后进行应力幅超限判断,显示判断结果。

6.3.1 模型处理模块

模型处理模块主要是建立并修正力学模型,储存分析时所需要的基本工作参数和矩阵、索网温度场和促动器状况信息等公共数据。

首先建立力学模型,包括节点坐标和构件力学参数等。输入基本工作参数包含球面的直径、工作抛物面的半径、重力加速度等,如图6-3所示。索网温度场指索网工作时所处的实时温度,根据现场布置传感器实测所得。促动器状况信息一般包含现场进入大负载和小负载阶段的促动器位置及坐标信息,以及故障促动器的位置,通过 OPC 接口反馈系统输入并修改对应模型。

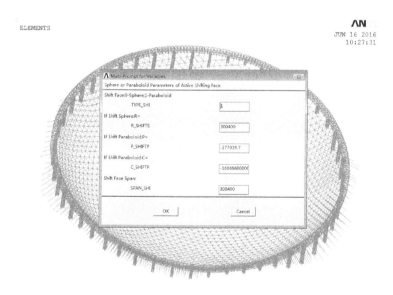

图6-3 工作抛物面模型参数更新

促动器故障响应模式设计为三类:小负载随动、大负载随动及无源保位。小负载随动指开启促动器泄压阀,此时促动器只承受活塞杆和油缸之间约 80 kg 的摩擦力;无源保位指促动器电磁阀失控或小区域停电,且促动器在安全载荷以下时,促动器锁死在原位的情况;大负载随动是指促动器达到安全载荷后,此时促动器自动开启安全溢流阀,活塞杆将随着索网运动自动被拔出[58]。

其中无源保位故障模式的模拟是通过施加位移约束来实现,保证促动器的位移量不再发生变化。小负载随动和大负载随动则是载荷约束和位移约束的结合使用:小负载施加 80 kg 的荷载;大负载是当促动器荷载达到 8 t 时维持在 8 t;位移量通过迭代试算的方式确定,如果迭代后的位移量大于迭代之前,取迭代后的位移量,如果迭代后的位移量小于迭代之前,则位移量保持不变,以模拟活塞杆只能被拔出不能回缩的特性。

6.3.2 预运行分析模块

预运行分析模块主要包含三部分:前处理子模块、力学分析子模块和后处理子模块。

前处理子模块用于读入当日的抛物面工作序列,根据抛物面中心工作时所经过的节点形成一条完整的工作轨迹,并输入至模型中形成分析所需要的序列,节点的数量即分析时形成的工况数量。

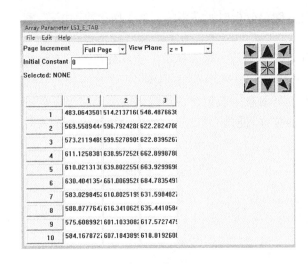

图 6-4　全过程分析后形成的应力矩阵

力学分析子模块根据要求的误差限额,设置合适的迭代次数,按照预定工作序列进行全过程分析,并记录各步的索网应力,形成如图 6-4 所示的应力矩阵,其中列代表分析的工况编号,行则表示各促动器所对应的单元号。

后处理子模块负责统计索网包括面索与下拉索的最大应力值及对应单元、最大疲劳幅值及其所处位置等,根据输入的面索与下拉索安全荷载进行超限判断,依据应力幅最大值进行超限判断,并将判断结果进行反馈。

最大应力值及对应单元可根据图 6-4 进行处理,由整体应力矩阵分析每个单元在序列中的应力最大值,再得到整个序列过程中的应力最大值及对应单元号,具体流程见图 6-5 所示。

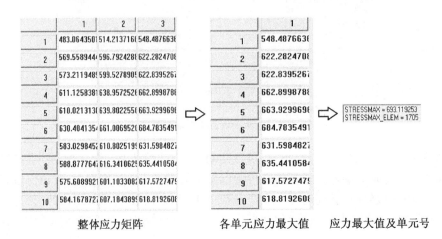

整体应力矩阵　　　　　各单元应力最大值　　应力最大值及单元号

图 6-5　数据统计流程

在对最大疲劳幅值进行检验时,预先对 500 个抛物面中心节点工况逐一进行分析,得到每个单元的最大应力值 α_{max} 与最小应力值 α_{min},作为公共数据储存进模型中;实时序列求解得到的序列最大应力值 α'_{max} 与最小应力值 α'_{min} 满足以下条件视为合格:

$$\alpha'_{max} - \alpha_{min} \leqslant 500 \text{ MPa} \tag{6-1}$$

$$\alpha_{max} - \alpha'_{min} \leqslant 500 \text{ MPa} \tag{6-2}$$

6.3.3 准实时跟踪分析模块

准实时跟踪分析模块旨在实现模型分析与抛物面实际运行相结合的目标,在抛物面实时运行过程中,通过 OPC 协议平台将抛物面每个工况的下拉索伸长量循环反馈给评估系统,依据该运行状态信息进行单工况实时分析,通过模拟温度变化的方法求得索网的应力矩阵,经过分析后将关键信息进行输出,包括该工况的面索和下拉索的最大应力值及对应坐标、最大疲劳幅值及其位置等,并进行安全荷载超限实时判断与应力幅超限判断,分析过程见图 6-6 所示。

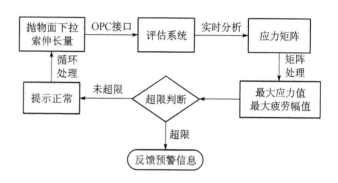

图 6-6 准实时评估系统工作流程

6.3.4 力学仿真系统介绍

力学仿真系统是实现反馈控制系统和故障预警系统的仿真计算平台,也是本项目的核心工作。本平台采用数学软件 MATLAB 作为实现 CAE 平台建设的主要工具,使用有限元分析软件 ANSYS 进行有限元分析。如何交互进行 MATLAB 操作和 ANSYS 有限元分析是实现 CAE 辅助平台的基础,下面将对这两种软件及其协同工作的方法进行介绍。

6.3.4.1 ANSYS 与 APDL 命令流简介

美国 ANSYS 公司(前身为美国 SASI 公司)研发的 ANSYS 软件是世界最著名的大型通用有限元分析软件。ANSYS 是融结构、流体、电场、磁场、声场分析于一体的大型通用有限元分析软件。其在核工业、铁道、石油化工、航空航天、机械制造、能源、汽车交通、国防军工、电子、土木工程、造船、生物医学、轻工、地矿、水利、日用家电等领域有着广泛的应用。

多年以来,ANSYS 一直在有限元分析软件中排名第一。它是一个通过 ISO9001 认证的分析设计类软件,同时也通过了美国机械工程师协会(ASME)、美国核安全局(NQA)等 20 余种专业技术认证。近年来,ANSYS 在我国也得到了广泛应用和认可。它是第一个通过中国压力容器标准化技术委员会认证并在全国压力容器行业推广使用的有限元分析软件。

ANSYS 能与多数计算机辅助设计软件接口,实现数据的共享和交换,如 Creo、NASTRAN、Alogor、I-DEAS、AutoCAD 等[59]。

APDL(ANSYS Parametric Design Language,ANSYS 参数化设计语言)是一种用来完成有限元常规分析操作或通过参数化变量方式建立分析模型的脚本语言。它用智能化分析的手段,为用户提供了自动完成有限元分析过程的功能,即输入可指定的函数、变量以及选用的分析类型。用户可以对模型直接赋值或运算,也可以从 ANSYS 分析结果中提取数据再赋给某个参量。

在工程应用中,对于复杂结构通常需要有限元计算程序,这类程序编制难度较大且计算结果的可靠性较差。通过 ANSYS 进行分析可以省去编制有限元分析程序的工作,且计算结果准确可靠。结合 APDL 语言,可以编制相关运算程序,直接进入 ANSYS 进行运算并提取数据,这为通过 CAE 辅助平台优化分析问题提供了便利。

6.3.4.2 MATLAB 与 GUI 简介

MATLAB 是美国 MathWorks 公司出品的商业数学软件,和 Mathematica、Maple 并称为三大数学软件。MATLAB 在数学类科技应用软件中在数值计算方面首屈一指。它将数值分析、矩阵计算、科学数据可视化以及非线性动态系统的建模和仿真等诸多强大功能集成在一个易于使用的视窗环境中,为科学研究、工程设计以及必须进行有效数值计算的众多科学领域提供了一种全面的解决方案,并在很大程度上摆脱了传统非交互式程序设计语言(如 C、Fortran)的编辑模式[60]。

MATLAB 的应用范围非常广,包括信号和图像处理、通信、控制系统设计、测试和测量、财务建模和分析以及计算生物学等众多应用领域。

MATLAB 是一种开放式软件,经过一定的操作可以将开发的优秀应用集成到 MATLAB 工具行列。目前,MATLAB 包括拥有数百个内部函数的主工具箱(Matlab Main Toolbox)和三十几种其他工具箱,如 Communication Toolbox——通讯工具箱、Signal Processing Toolbox——信号处理工具箱、Statistics Toolbox——统计工具箱等。

除内部函数外,所有 MATLAB 主文件和各种工具箱都是可读可修改的文件,用户可以修改源程序或自己编写程序构造新的专用工具箱,从而解决各自领域内特定类型的问题。

图形用户界面(Graphical User Interface,简称 GUI)是指采用图形方式显示的计算机操作用户界面。

GUI 是一种人与计算机通信的界面显示格式,允许用户使用鼠标等输入设备操纵屏幕上的图标或菜单选项,以选择命令、调用文件、启动程序或执行其他一些日常任务。与通过键盘输入文本或字符命令来完成例行任务的字符界面相比,图形用户界面有许多优点。

GUI 的广泛应用是当今计算机发展的重大成就之一,它极大地方便了非专业用户的使用。人们从此不再需要死记硬背大量的命令,取而代之的是可以通过窗口、菜单、按键等方式来方便地进行操作。而嵌入式 GUI 具有以下基本要求:轻型、占用资源少、高性能、高可靠性、便于移植、可配置等。

6.3.4.3 MATLAB 和 ANSYS 协同工作基础

MATLAB 图形用户界面由于其可交互性,能够很好地完成 FAST 技术人员对于其运行过程的控制与管理。然而对于 FAST 这样的复杂工程,其模拟过程及状态变量很难在 MATLAB 内完成运算,因此必须借助有限元分析软件辅助计算,提高优化效率。ANSYS 由于其 APDL 语言的优越性成为有限元分析软件的首选。

采用 MATLAB 和 ANSYS 进行交互的整体思路如下：

（1）在 ANSYS 中建立整体力学模型。

（2）建立 MATLAB GUI 界面，方便用户在 MATLAB 中输入关键参数。

（3）将输入的参数转化为 ANSYS 可读取的数据，输入 ANSYS。

（4）在 ANSYS 中进行有限元分析，并将分析结果写入 MATLAB。

（5）MATLAB 通过分析 ANSYS 提供的数据，产生图像与文字结果，反馈给技术人员，方便后续处理。

（6）判断是否满足运行终止条件，若满足，则终止运算；否则将通过 FAST 运行轨迹进行下一步迭代，直至整个过程模拟完毕。

6.4　图形用户界面介绍

如图 6-7 为基于 MATLAB 软件开发的准实时评估系统平台界面，该界面综合了评估过程中所需要的若干参数，并可以将分析结果实时反馈在界面上，直观易懂，方便操作人员进行日常管理与维护工作。

准时实评估系统平台界面主要分为左侧的参数输入区域与右侧的结果显示区域，在实时评估过程中，需要输入的参数包括故障促动器的位置信息、轨迹序列文件、促动器的控制载荷条件等，而输出的可视化结果包括实时显示抛物面运行中心点位置，该工况是否发生异常（拉力超限、应力幅疲劳超限），以及该完整序列的最大面索拉力与对应单元、最大下拉索拉力与对应单元、最大应力幅及其位置等。

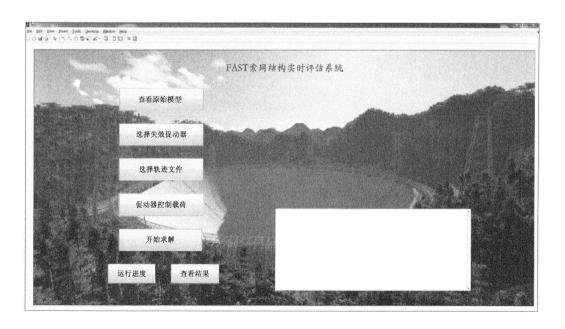

图 6-7　基于 MATLAB 开发的准实时评估系统界面

如图 6-8 为选择失效的促动器，以进行促动器故障对结构的影响分析。

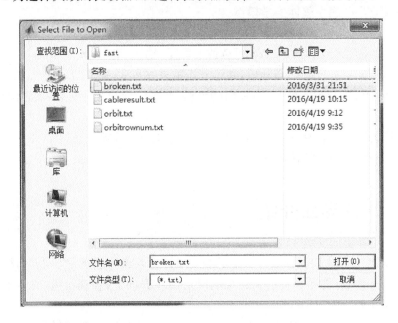

图 6-8　选择失效的促动器编号

如图 6-9 为程序运行过程的界面，有清晰的进度条显示出运算时间。

图 6-9　分析过程界面(ANSYS 仅在后台运行)

运行完成后，可以直接在 MATLAB 右侧界面查看到运行结果，上部为抛物面中心点主动变位过程曲线；下部为文本显示的实时分析结果，如图 6-10 所示。

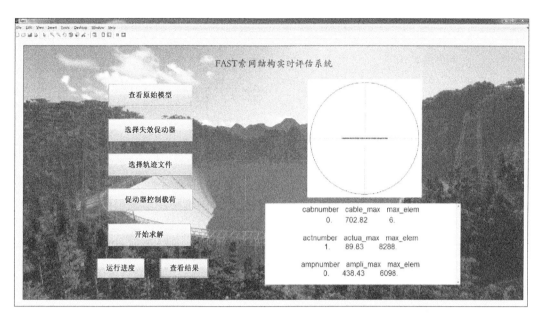

图 6-10　运行结果窗口显示

如果确有需求,也可以直接进入 ANSYS 软件,进一步查看需要的各种参数,包括详细的抛物面形状与位置、故障促动器所处区域、最大拉力所处位置等,如图 6-11 所示。

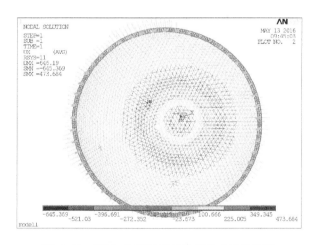

图 6-11　利用 ANSYS 查看分析完成后的模型

7 结 束 语

500 m 口径球面射电望远镜 FAST,作为国家重大科学工程,2008 年 12 月正式启动,通过中国科学院国家天文台 FAST 工程组的前期研究,提出了采用整体索网结构作为 FAST 主动反射面支承结构,按照短程线型网格方式编织成球面索网,每个面索网节点连接一根径向控制下拉索,下拉索下端与地面促动器相连以控制整个索网变位。FAST 通过控制促动器拉伸或放松下拉索实现望远镜变位驱动,即主动变位是 FAST 反射面的最大特点,通过主动控制在观测方向形成 300 m 口径瞬时抛物面以汇聚电磁波,观测时抛物面随着所观测天体移动而在 500 m 口径球冠上移动,从而实现天文上的跟踪观测。

东南大学研究团队自 2011 年与国家天文台合作至今,针对 FAST 主动反射面索网支承结构,在拉索材料、结构优化、施工技术和运行监控等方面展开了系列工程研究,并在索网实施阶段对施工单位提供了方案、分析、调控等技术支持。研究工作总结如下:

(1) 根据 FAST 反射面主动变位的工作特点,经对比分析,采用主动球面变位找形方法寻求基准球面和工作抛物面。基于有限元分析软件 ANSYS 开发了相关程序模块,用于后续索网结构疲劳分析和优化分析等。

(2) 根据国家天文台提供的按 30 年和 70% 的观测效率生成的 FAST 天文观测轨迹(总共观察次数 228 715 次,轨迹点 3 410 008 个),对索网的应力历程进行统计,得到各根面索在不同应力幅下的循环次数:400～455 MPa 应力幅近 3 万次,300～400 MPa 应力幅 5 万余次,200～300 MPa 应力幅近 3 万次。

(3) 从钢索的基本组成单元(单丝母材)开始,针对涂层工艺、锚固工艺等多方面展开系统研究,通过钢丝、钢绞线和整索的对比试验和不断探索,新型钢索的疲劳性能通过了 500 MPa应力幅的 110 万次全循环疲劳加载。最终,柳州欧维姆机械股份有限公司研制的高疲劳性能钢索在 500 MPa 应力幅下通过 200 万次疲劳加载,并在工程中应用。

(4) 基于索网为形控结构,采用初张力找力分析方法,进行了标准球面基准态优化分析,优化了拉索和周圈钢构的规格和预应力,进行了设计条件下最不利工况的验算,并分析了下拉索初张力和最小下拉力、周圈钢桁架的支座条件和温变、拉索安全系数和容许应力、拉索材料类型等若干关键因素对结构性能的影响,另进行了模态分析、风振分析、断索分析、节点分析等。

面索网初张力找力分析,合理地设定下拉索初张力为其上下限的均值,通过迭代求解,确定基于球面位形满足静力平衡条件的面索网初张力;然后根据合理的初应力上下限值,优化面索规格。该优化方法非常符合 FAST 索网的工作特点,简便直接,优化结果保证了在标准球面基准态下下拉拉力的一致性,而且面索应力和下拉拉力在最不利工况的峰值和谷值基本是关于标准球面基准态对称的。

（5）FAST 工程处于山区，地形复杂，结构尺寸规模大，拉索根数多，格构柱高，安装精度要求高。根据其特殊的结构特点和现场条件，提出了索网支承结构的施工方法：悬臂抱杆高空拼装格构柱，分节段滑移安装周圈环桁架和高空溜索滑移安装索网。为方便制作和施工，对格构柱和环桁架的不同部位提出了柔性法兰盘、销轴连接、焊接球节点、相贯节点、内法兰盘等不同的节点形式。

根据面索网的对称性，索网结构划分为中部区域和五个扇形区域施工。在五个扇形区域内，首先安装对称轴位置的拉索，然后对称向两侧扩展施工。面索网严格按照无应力长度组装，通过施工千斤顶和促动器分别对外缘面索和下拉索进行张拉，索网整体成型。

索网施工包含了超大机构位移和大松垂拉索等，基于"确定索杆系静力平衡状态的非线性动力有限元法"，提出了"串联拉索沿导索空中累积滑移安装过程分析方法"，进行了施工过程分析，确定了施工参数（导索和牵引索的长度和拉力及过程位形等），并设计了快拼式的中部支承塔架结构。

基于随机误差的正态分布模型，针对索网结构的主要施工误差（面索索长、下拉索索长、外联面索拉力和周圈钢构节点坐标误差），分别进行了独立误差影响分析，确定了误差敏感性，并进行了耦合误差分析，确定了施工控制标准。

（6）非均匀温度场和促动器故障等诸多因素会在索网变位控制过程中，影响反射面控制精度甚至结构安全。影响因素之间相互耦合，且具有相当大的随机性。基于 ANSYS 和 MATLIB 软件，建立了反射面索网结构的准实时辅助控制系统，辅助望远镜反射面实现准实时的控制精度补偿和故障预警功能。系统包含了两大功能：预运行分析和准实时跟踪分析。系统构成包括了模型处理模块、单线运行的预运行分析模块和循环运行的准实时跟踪分析模块，后两个模块又分别包括了前处理子模块、力学分析子模块和后处理子模块。通过输入 FAST 工作任务序列、故障促动器的位置和响应模式、正常促动器的工作状态等信息，进行索网支承结构的工作序列分析，统计结构响应并与预警值对比，输出超过警戒值的面索应力和应力幅、下拉拉力、面索节点径向偏差等数值及对应的位置，评估望远镜在调试、运行和维护时的索网安全性。

具有中国独立自主知识产权的 FAST，综合体现了我国高技术创新能力，其主动反射面索网支承结构的建造对于我国土木工程技术，尤其是空间结构技术发展提供了一个巨大机遇和挑战。通过众多相关领域科研单位和企业的共同努力和创新，FAST 主体工程于 2016 年 6 月顺利建造完成。

参 考 文 献

[1] 吴晶晶. 五个问题帮你了解"观天巨眼"FAST 馈源舱升舱[N]. (2015-11-21). news. xinhuanet. com/tech/2015-11/21/c_1117218138. htm.

[2] 杨杰. 平塘"天眼"明年 5 月"开眼"[N]. (2015-08-04). dsb. gzdsw. com/html/2015-08/04/content_90254. htm.

[3] 王凯. FAST 反射面支承索网的优化设计和安装技术研究[D]. 南京:东南大学,2013.

[4] 金晓飞,范峰,沈世钊. 巨型射电望远镜(FAST)反射面支承结构日照温度场效应分析[J]. 土木工程学报,2008,41(11):71-77.

[5] 钱宏亮,李玉刚,范峰,等. 高应力幅作用下的索疲劳性能试验研究[C]//第十三届空间结构学术会议论文集,2010:318-323.

[6] Duan B Y, Xu G H, Wang J L. Integrated Optimum Design of Mechanical and Electronic Technologies for Antenna Structural System[M]// Strom R G, Peng B, Nan R D. Proceedings of the LTWG-3 and W-SRT. 1995. Beijing:IAP, 1996:144-151.

[7] 邱育海. 具有主动主反射面的巨形球面射电望远镜[J]. 天体物理学报,1998,18(2):222-228.

[8] 哈尔滨工业大学空间结构中心. 大射电望远镜 FAST 整体索网主动反射面结构研究报告[R]. 哈尔滨工业大学,2004,3.

[9] 罗永峰,邓长根,李国强,等. 500 m 口径主动球面望远镜反射面支撑结构分析[J]. 同济大学学报,2000,28(4):497-501.

[10] 钱宏亮. FAST 主动反射面支承结构理论与试验研究[D]. 哈尔滨:哈尔滨工业大学,2007.

[11] 商文念. FAST 反射面支承结构优化研究[D]. 哈尔滨:哈尔滨工业大学,2007.

[12] 罗斌,郭正兴,王凯. 基于初始基准态的正高斯曲率索网形控结构设计方法:中国,201210338349[P]. 2012-09-14.

[13] 高镇同. 疲劳应用统计学[M]. 北京:国防工业出版社,1986:169-188.

[14] 郦明,布克斯鲍姆. 结构抗疲劳设计[M]. 北京:机械工业出版社,1987:68-84.

[15] 阎楚良,王公权. 雨流计数法及其统计处理程序研究[J]. 农业机械学报,1982,13(4):88-101.

[16] 阎楚良,卓宁生,高镇同. 雨流法实时计数模型[J]. 北京航空航天大学学报,1998,24(5):623-624.

[17] 刘义伦. 不同计数法对计算疲劳寿命的影响[J]. 中南工业大学学报,1996,27(4):471-475.

[18] 钱宏亮,范峰,沈世钊,等. FAST 反射面支承结构整体索网方案研究[J]. 土木工程学报,2005,38(12):18-23.

[19] 范峰,金晓飞,钱宏亮. 长期主动变位下 FAST 索网支承结构疲劳寿命分析[J]. 建筑结构学报,2010,31(12):17-23.

[20] 中华人民共和国交通运输部. JT/T 737—2009 填充型环氧涂层钢绞线[S]. 北京:中国标准出版社,2009.

[21] 中华人民共和国质量监督检验检疫总局,中国国家标准化管理委员会. GB/T 21073—2007 环氧涂层七丝预应力钢绞线[S]. 北京:中国标准出版社,2007.

[22] 张宗前,孙捷,张家琦. 影响钢丝疲劳寿命的因素及提高疲劳寿命的技术措施[J]. 贵州工业大学学报:

自然科学版,2006,35(1):55-57.

[23] 高科,叶觉明.延长斜拉索安全使用寿命工艺技术问题的研究和探讨[J].钢结构,2008,23(2):13-17.

[24] 党志杰.斜拉索的疲劳抗力[J].桥梁建设,1999(4):18-21.

[25] Périer V, Dieng L, Gaillet L, et al. Fretting-fatigue behaviour of bridge engineering cables in a solution of sodium chloride[J]. Wear, 2009,267(1-4): 308-314.

[26] Suh J I, Chang P S. Experimental study on fatigue behaviour of wire ropes[J]. International Journal of Fatigue, 2000, 22(4): 339-347.

[27] Paton A G, Casey N F, Fairbairn J. Advances in the fatigue assessment of wire ropes[J]. Ocean Engineering, 2001, 28(5): 491-518.

[28] 赵军,朱建龙,薛花娟,等.桥梁拉索环境腐蚀损伤控制的有效途径[J].公路,2007(7):66-69.

[29] 文武松,彭旭民,党志杰.斜拉索设计、试验和安装条例(中)[J].国外桥梁,1997(3):33-40.

[30] 姜鹏,朱万旭,刘飞,等.FAST 索网疲劳评估及高疲劳性能钢索研制[J].工程力学,2015,32(9): 243-249.

[31] 沈祖炎,张立新.基于非线性有限元的索穹顶施工模拟分析[J].计算力学学报,2002,19(4): 466-471.

[32] Pellegrino S, Calladine C R. Matrix analysis of statically and kinematically indeterminate frameworks [J]. International Journal of Solids and Structure, 1986, 22(4):409-428.

[33] Jinyu Lu, Na Li, Yaozhi Luo. Kinematic analysis of planar deployable structures with angulated beams based on equilibrium matrix[J]. Advances in Structural Engineering, 2011, 14(6):1005-1015.

[34] 罗尧治,董石麟.含可动机构的杆系结构非线性力法分析[J].固体力学学报,2002,23(3): 288-294.

[35] Lu J Y, Luo Y Z, Li N. An incremental algorithm to trace the non-linear equilibrium paths of pin-jointed structures using the singular value decomposition of the equilibrium matrix[J]. Proceedings of the Institution of Mechanical Engineers, Part G: Journal of Aerospace Engineering, 2009, 223(7): 881-890.

[36] Barnes M R. Form and stress engineering of tension structures[J]. Structure Engineering Review, 1994, 6(3):175-202.

[37] Lewis W J, Lewis T S. Application of formian and dynamic relaxation to the form finding of minimal surfaces[J]. IASS Journal, 1996, 37(3):165-186.

[38] Barnes M R. Form finding and analysis of tension structures by dynamic relaxation[J]. International Journal of Space Structures, 1999, 14(2):89-104.

[39] Lewis W J, Jones M S. Dynamic relaxation analysis of the non-linear static response of pretensioned cable roofs[J]. Computers and Structures, 1984, 18(6):987-997.

[40] Oakley D R, Knight N F. Non-linear structural response using adaptive dynamic relaxation on a massively parallel-processing system[J]. International Journal for Numerical Methods in Engineering, 1996, 39(2):235-259.

[41] Oakley D R, Knight N F. Adaptive dynamic relaxation algorithm for non-linear hyperelastic structures, Part I. Formulation[J]. Computer Methods in Applied Mechanics and Engineering, 1995, 126(1-2):67-89.

[42] 伍晓顺,邓华.基于动力松弛法的松弛索杆体系找形分析[J].计算力学学报,2008,25(2): 229-236.

[43] 罗斌.张拉膜结构的非线性分析和织物膜材的拉伸试验研究[D].南京:东南大学,2003.

[44] 罗斌,郭正兴,高峰.索穹顶无支架提升牵引施工技术及全过程分析[J].建筑结构学报,2012,33 (5):16-22.

[45] 完海鹰,黄炳生.大跨空间结构[M].2版.北京:中国建筑工业出版社,2008:138-142.

[46] 张莉.张拉结构形状确定理论研究[D].上海:同济大学,2000.

[47] 中华人民共和国住房和城乡建设部.JGJ 257—2012 索结构技术规程[S].北京:中国建筑工业出版社,2012.

[48] Structural Applications of Steel Cables for Buildings(ASCE/SEI19-10)[S]. Publisher:American Society of Civil Engineers,2010.

[49] 张丽梅,陈务军,董石麟.正态分布钢索误差对索穹顶体系初始预应力的影响[J].空间结构,2008,14(1):40-42.

[50] 欧贵兵,刘清国.概率统计及其应用[M].北京:科学出版社,2007:48-90.

[51] Nan R D, Ren G X, Zhu W B, et al. Adaptive cable-mesh reflector for the FAST[J]. Acta Astronomica Sinica,2003,44(S1):13-18.

[52] Nan R D, Peng B. A Chinese concept for the 1 km² radio telescope[J]. Acta Astronautica,2000,46(10-12):667-675.

[53] 万同山,洪晓瑜.21世纪的射电天文学:仪器设备发展[J].中国科学院上海天文台年刊,1995(16):313-321.

[54] 赵卫,叶骞,冯正进.射电望远镜主动反射面控制技术简析[J].现代雷达,2011,33(5):85-90.

[55] 郭正兴,罗斌.FAST反射面索网支承结构优化和施工技术研究报告[R],2012.

[56] 朱忠义,张琳,刘传佳.FAST反射面索网与圈梁结构施工图设计报告[R],2012.

[57] 金晓飞.500 m口径射电望远镜FAST结构安全及精度控制关键问题研究[D].哈尔滨:哈尔滨工业大学土木工程学院,2010.

[58] 姜鹏,王启明,赵清.巨型射电望远镜索网结构的优化分析与设计支承[J].工程力学,2013(2):400-405.

[59] 路英杰,任革学.大射电望远镜FAST整体变形索网反射面仿真研究[J].工程力学,2007,24(10):165-169.

[60] 钱宏亮.FAST主动反射面支承结构理论与试验研究[D].哈尔滨:哈尔滨工业大学土木工程学院,2007.